U0252172

辽河流域藻类监测

辽宁省环境监测实验中心 编著

图鉴

LIAOHE LIUYU ZAOLEI
JIANCE TUJIAN

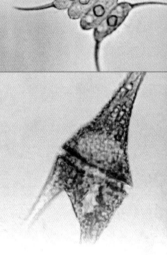

中国环境出版集团·北京

图书在版编目（CIP）

辽河流域藻类监测图鉴 / 辽宁省环境监测实验中心
编著. -- 北京 ：中国环境出版集团，2018.6
　　ISBN 978-7-5111-3354-0

　　Ⅰ．①辽… Ⅱ．①辽… Ⅲ．①辽河流域－藻类－监测
－图集 Ⅳ．①Q949.2-64

　　中国版本图书馆CIP数据核字(2017)第236271号

出 版 人　武德凯
责任编辑　孟亚莉
责任校对　任　丽
装帧设计　岳　帅

更多信息请关注
中国环境出版集团
第一分社

出版发行　中国环境出版集团
　　　　　（100062　北京市东城区广渠门内大街16号）
　　　　　网　　　址：http://www.cesp.com.cn
　　　　　电子邮箱：bjgl@cesp.com.cn
　　　　　联系电话：010-67112765（编辑管理部）
　　　　　　　　　　010-67112735（第一分社）
　　　　　发行热线：010-67125803，010-67113405（传真）
印　　刷　北京中科印刷有限公司
经　　销　各地新华书店
版　　次　2018年6月第1版
印　　次　2018年6月第1次印刷
开　　本　787×1092　1/16
印　　张　12.25
字　　数　240千字
定　　价　70.00元

编委会

Editorial Committee

前 言
FOREWORD

我国的环境监测工作起步于 20 世纪 70 年代，但水生生物监测工作进展缓慢，近年来，随着国家生态文明建设及生物多样性保护战略的实施，水生生物监测与保护工作得到越来越多的重视，已经逐渐成为未来水环境监测的发展方向。

藻类是水生生态系统的初级生产者，在水生生态系统中起着提供物质和能量的重要作用，其群落结构随水环境的变化而变化。不仅如此，不同藻类对环境的适应性也各不相同，清洁水体、轻污染水体、中污染水体及重污染水体中均有不同类群的藻类生存繁殖。众所周知的水体"富营养化"现象（淡水中称为"水华"）就是由于部分藻类在一定的营养条件下大量繁殖所致。

辽河流域是我国七大流域之一，是国家重点治理的"三河三湖"水域，是"十二五"期间国家水体污染控制与治理科技重大专项实施的 10 个重点流域之一。具有面积广，气候宜人，生境多样等特点，藻类在这样的生境中种类多样，并且优势类群分布广，对水生态系统的平衡和水质净化也起到了重要作用。研究这些类群的时空变化，对生态环境监测及藻类资源的开发利用具有十分重要的意义。

相关部门及科研院校曾经对辽河流域藻类做过不少研究工作，但是由于藻类种类繁多，形态变化多样，个体较小，参考资料缺乏等，至今尚无较为系统、准确记述辽河流域藻类的著作，在日常藻类水环境监测过程中出现大量同物异名现象，给监测和评价造成很大的负面影响。同时，藻类水质生物监测之所以发展缓慢，一个重要的原因是分类鉴定的质量管理较难操作，缺乏统一的鉴定资料。因而本书的编制出版更显得迫切。

辽宁省环境监测实验中心从 20 世纪 80 年代初开展藻类监测，至今已近 30 年，积累了丰富的工作经验。本书的编写是一线技术人员在基于多年藻类研究成果，包括野外采集、标本制备、实验室内种类鉴定及拍照，结合文献收集，在实践的基础上凝练而成，是一部较全面系统介绍辽河流域藻类的专著。该书的出版将填补辽河流域在该领域的不足，同时对国内其他流域开展相关工作提供重要参考。

《辽河流域藻类监测图鉴》是一本研究水环境生物监测和藻类分类鉴定的工具书，是较为全面记录辽河流域藻类种类的书籍。本书的突出特点是属级以上分类阶元以检索表的形式表述，辽河流域常见的藻类属（种）以彩色实物图谱结合文字描述的方法表达。尤其是在硅藻种类的鉴定中，绝大多数为消解过的硅藻实物图片，进一步增加了鉴定结果的准确性。本书收录了蓝藻门、绿藻门、硅藻门、裸藻门、甲藻门、隐藻门、金藻门和黄藻门8门10纲21目42科94属201种（含变种和变形）藻类，附以实物标本彩色图片289帧，从形态特征和生境等方面对不同属（种）藻类进行了详细描述。

　　全书分四章。第1章主要介绍了辽河流域水质及藻类监测概况，第2章介绍了藻类及其在环境监测中的应用，第3章介绍了藻类的监测方法，第4章介绍了辽河流域常见藻类图鉴。书中所描述的标本现存于辽宁省环境监测实验中心生物标本馆，欢迎查证。由于作者水平有限，书中难免存在失误，热诚希望读者朋友不吝指正。

目 录

CONTENTS

第 4 章 辽河流域常见藻类图鉴 /35

第1章

绪 论

LIAOHE LIUYU ZAOLEI JIANCE TUJIAN

1.1 辽河流域概况

辽河流域是我国七大流域之一,是国家重点治理的"三河三湖"之一,由辽河、浑河、太子河、大辽河、大凌河和小凌河6条主要河流及其支流组成,辽宁省境内流域面积为9.49万 km²,分布着12个省辖市,集聚着3 000万人口,是新中国工业的摇篮,国家振兴东北老工业基地的核心区域,承载着辽宁、吉林等省市经济社会发展的巨大资源和环境压力。辽河流域属典型北方缺水流域,流经城市工业化程度高,水资源被过度开发利用,地表水利用率达80%以上,地下水利用率亦达40%以上[①]。辽河流域是"十二五"期间国家水体污染控制与治理科技重大专项实施的10个重点流域之一。

辽河由西辽河和东辽河汇合而成,西辽河发源于河北七老图山脉的光头山,流经河北、内蒙古、吉林三省区,东辽河发源于吉林省辽源市萨哈岭山,西辽河和东辽河两条河流在全省铁岭福德店附近汇合成为辽河干流,辽宁省境内全长523 km,由北向西南流经铁岭、沈阳和盘锦地区后,入渤海辽东湾。辽河主要支流有招苏台河、清河、柴河等19条[②]。

浑河发源于清原县滚马岭,流经抚顺、沈阳两市,全长415 km,上游建有大伙房水库,浑河属于典型的受控河流。浑河主要支流有苏子河、社河、蒲河、细河等15条。

太子河上游分南北两支,以北支为长,发源于新宾县红石砬子,南支发源于本溪县草帽顶子山,两支流在本溪下崴子汇合后为太子河干流,全长413 km,流经工业较为发达的本溪、辽阳和鞍山3个城市,上游建有观音阁水库,是本溪等城市的饮用水水源地,中游建有参窝水库,为工业用水和灌溉用水水源,在本溪和辽阳段有近10个橡胶坝调节水量。有细河、柳壕河、北沙河、南沙河、运粮河、海城河等9条主要支流。

大辽河系浑河、太子河在三岔河处汇合而成,为感潮河流,主要流经盘锦大洼县和营口市,在营口市入渤海辽东湾,全长95 km。

凌河流域由大、小凌河及其支流组成。大凌河上游分南西两支,南支发源于建昌县水泉沟,西支发源于河北省平泉县水泉沟,两支于喀左县大城子镇东南相会,全长397 km,流经朝阳、北票、义县,于凌海市的南圈河和南井子之间注入渤海。大凌河有西细河、牤牛河、凉水河3条主要支流。小凌河发源于朝阳县瓦房子乡牛粪洞子,全长206km,流经朝阳和锦州两市后,注入渤海,主要支流为女儿河。

---

① 仇伟光,张峥,等.辽河流域水环境风险评估与预警监控技术研究 [M].沈阳:辽宁大学出版社,2013.
② 辽宁省地方志编纂委员会办公室.辽宁省志　水利志 [M].沈阳:辽宁民族出版社,2001.

1.2 辽河流域水质状况

辽河流域属季节性、受控型河流,水资源匮乏,枯水期河道内基本无自然径流,沿途城市密集、工业集中,排污量大,集中体现了我国重化工业密集的老工业基地结构性、区域性污染特征,过度开发使辽河流域水质综合污染指数曾列七大流域第二位,2005 年干流化学需氧量和氨氮年均值超 V 类标准点位比例分别达到 34.6% 和 84.6%,城市段水质污染突出,氨氮为首要污染物,个别点位挥发酚、阴离子表面活性剂超标。

2008 年以来,辽宁省加大了辽河流域治理及生态恢复的工作力度,辽河流域水环境质量显著改善。辽河流域治理分为三个阶段,第一阶段是"十一五"期间,围绕重点、难点问题实施了"三大工程",即以造纸企业整治为核心的工业点源治理工程,以提高城镇生活污水处理率为目标的污水处理厂建设工程,以支流河整治为抓手的生态治理工程。2011 年,辽河干流首次实现了全部消灭劣 V 类水体(按化学需氧量评价)的目标。第二阶段从 2011 年开始,全力实施了辽河治理攻坚战、"大浑太"(大辽河、浑河、太子河)治理歼灭战和凌河治理阻击战三大战役,从全流域、全指标改善水质角度统筹解决存在的问题,到 2012 年年底,辽河流域由重度、中度污染好转为轻度污染。第三阶段是 2013 年以来,以"稳水质、保达标"为宗旨,充分发挥项目治污效益,采取各项综合性管理措施,实现河流断面水质稳定达标。

自 2006 年以来,辽河流域 36 个干流断面化学需氧量(COD)和氨氮浓度均值总体呈下降趋势,化学需氧量浓度均值自 2010 年起基本持平。2015 年,化学需氧量浓度均值为 17.5 mg/L,比 2006 年下降 66.0%;氨氮浓度均值为 0.973 mg/L,比 2006 年和 2010 年分别下降 71.8% 和 62.0%[1],见图 1-1。

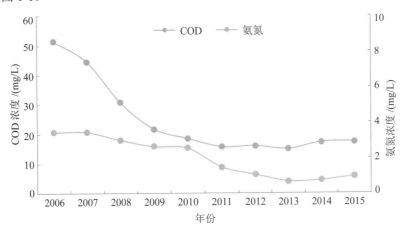

图 1-1 2006—2015 年辽河流域干流断面化学需氧量、氨氮浓度均值变化趋势

①辽宁省环境监测实验中心.2015 年辽宁省环境质量通报.2015.

辽河、大凌河干流化学需氧量浓度均值自2006年以来呈明显下降趋势,2015年比2006年分别下降72.0%和84.3%,比2010年分别下降6.6%和30.2%,见图1-2。6条主要河流干流氨氮浓度均值自2006年以来均呈下降趋势,2015年各河流氨氮浓度均值比2006年下降49.5%~86.4%,比2010年下降40.1%~86.0%。其中,浑河氨氮浓度均值下降较为显著,分别比2006年和2010年下降68.8%和40.1%。见图1-3。

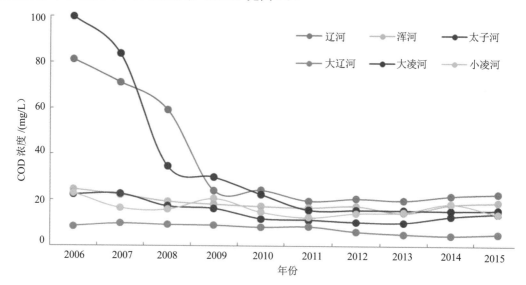

图 1-2　2006—2015 年辽河流域主要河流干流化学需氧量浓度均值变化趋势

（大辽河为高锰酸盐指数）

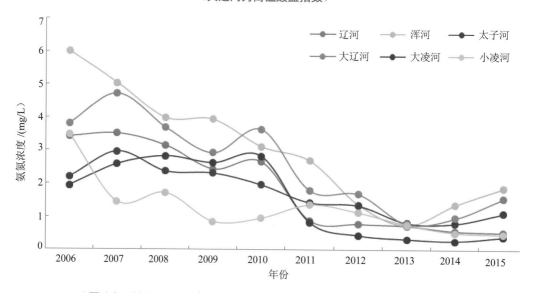

图 1-3　2006—2015 年辽河流域主要河流干流氨氮浓度均值变化趋势

2015 年，辽宁省境内 54 个支流入河口断面中，Ⅰ～Ⅲ类水质断面占 14.8%，Ⅳ类占 22.2%，Ⅴ类占 16.7%，劣Ⅴ类占 46.3%。主要污染指标为氨氮、总磷、化学需氧量和生化需氧量。与 2010 年相比，支流水质明显改善，劣Ⅴ类断面比例下降 19.6%，其中氨氮污染明显减轻，超Ⅴ类标准断面比例下降 20.7%，而符合Ⅰ～Ⅲ类水质标准断面比例上升 29.6%。2015 年，全省支流化学需氧量和氨氮浓度均值为 24.0 mg/L 和 2.26 mg/L，比 2010 年分别下降 16.4% 和 44.6%，见图 1-4。

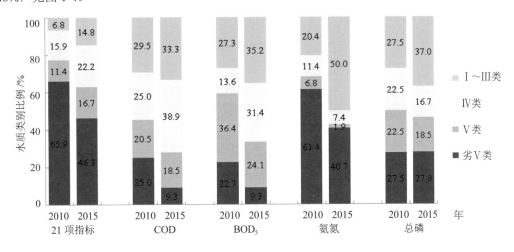

图 1-4　2010 年和 2015 年辽河流域支流断面水质类别比例比较

1.3 辽河流域藻类监测概况

辽河流域应用藻类监测水质始于 1987 年，已连续开展了 30 年。监测范围覆盖了辽宁省内主要河流及水库，其中辽河、浑河、太子河、大辽河、大凌河、小凌河和鸭绿江 6 条主要河流干流共布设了 36 个点位、支流布设了 12 个点位，每年度枯、丰、平三水期开展着生藻类监测与评价。对省内主要用于集中式城市水源地的大伙房水库、桓仁水库、观音阁水库、碧流河水库、白石水库等 15 座大中型水库，每年枯、丰、平三水期开展浮游藻类监测与评价。1987—2010 年，各市环境监测中心（站）所有监测数据以纸质版形式报送至辽宁省环境监测实验中心（以下简称省中心），实际样品鉴定后封蜡保存至省中心生物样品库。2011 年，省中心建立了辽宁省生物数据库，所有监测数据直接报送至数据库中，大大提高了数据准确性、统计分析能力和工作效率。为确保监测数据的合理性，省中心在质控方面做了大量的工作，统一规范采样方法和样品标签格式，邀请林碧琴、王新华、王俊才、史玉强等国内该领域知名专家对全省生物监测技术人员定期进行分类鉴定方面的培训，除了中国环境监测总站规定的持证上岗考核外，省中心还定期对全省生物监测技术人员进行理论和技能考核。2012—2016 年省中心借助承担国家科技重大专项之力，通过开展"辽河流域水环境安全监控与监测体系建设"课题研究，进一步扩大辽河流域藻类监测范围，开展流域水生态健康评价，积累了大量的研究成果，带动了辽宁省生物监测水平的提升。经过多年的努力，辽宁省已建立了一支较为稳定的生物监测队伍，确保了辽河流域生物监测的有效开展。

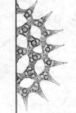

2

Chapter

第 2 章

藻类及其在
环境监测中的应用

藻类又称叶状体植物，是一群具有叶绿素、营自养生活，无真正根茎叶分化，生殖器官是单细胞的，用单细胞的孢子或合子进行繁殖的低等植物。通常依据其色素、贮藏物质、细胞壁的组成以及鞭毛等特点分为不同的门，即蓝藻门、绿藻门、隐藻门等。藻类广泛分布于江河湖海、池塘沟渠、盐田碱湖、潮湿土壤、树皮树叶、墙壁乃至冰雪表面，凡是有日光、有水的地方均可发现它们的踪迹，而绝大多数藻类生长在水中。在大多数生境中，它们起着初级生产者的作用，即利用阳光、二氧化碳和水生产有机物质。藻类形态各异，有单细胞的、群体的、多细胞单列和分枝的丝状体、叶状体、囊状体等。大小差异也很悬殊，淡水中的藻类多数较小，最小的只有几微米，需借助显微镜方可见到。

2.1 藻类的基本特征

2.1.1 体型

藻类无根茎叶的分化，整个植物体都能进行呼吸和光合作用，本质上相当于"叶"，它们的体型有：

（1）变形虫型。细胞无固定形态，为完全裸出的变形虫状。有的终生如此，仅在环境不良时变为休眠包囊；有的仅在生殖的极短时期内具有鞭毛，这是最低等的类型。

（2）具鞭毛型。细胞有一定形态，体外有周质体或细胞壁，具各种鞭毛，分茸鞭型鞭毛及尾鞭型鞭毛，数目1、2、3、4或多条，一生中大部分时间是有鞭毛的，短时期可呈现其他形状。鞭毛下有伸缩胞（contractile apparatus），一般都有眼点，原植体能运动。包括单细胞及群体的类型。

（3）不定形群体型。细胞反复分裂多次后埋在母壁的胶化胶鞘中，往往2个或4个细胞成一群，细胞内有伸缩胞及眼点，这说明它以前是能运动的，但现在鞭毛脱落了，也有的种类还残存有伪鞭毛，即有鞭毛的形态，但无运动的能力，如四胞藻属（*Tetraspora*）。

（4）圆球型。单细胞或群体，细胞不具鞭毛，植物体无普通的细胞分裂，生殖时产生游动孢子或似亲孢子，只有原生质分裂，细胞壁不分裂。

（5）丝状体。一种是简单的丝状体，细胞在胶质膜内排成一列；一种是分枝的丝状体，这是由于斜方向的细胞分裂而成。分枝的丝状体，如有匍匐枝和直立枝分化的，叫作异丝性丝状体。丝状体中有的是由多核细胞所组成。

（6）叶状体。包括假薄壁组织状及薄壁组织状的体型。

（7）多核体。没有细胞分隔而有很多细胞核和色素体的藻体，它们中有的很简单，有的是很多分枝的丝状体或球状体。

2.1.2 细胞壁

除裸藻、少数甲藻和金藻原生质体裸露，不具有细胞壁外，其他各种藻类的原生质体外部
都有细胞壁，但各门藻类细胞壁的化学组成和构造是不同的（表 2-1）。蓝藻、原绿藻细胞壁
的主要成分是纤维素和果胶质；褐藻和红藻外层细胞壁为胶质层，褐藻为褐藻胶构成，红藻为
琼胶、海萝胶、卡拉胶所构成；黄藻及硅藻细胞壁多由两个半片互相联结而成，硅藻细胞壁的
主要成分是硅质，它是由两个"凵"形瓣片套合而成，壁上有两侧对称或辐射对称的花纹；有
些甲藻的细胞壁由许多小板片组成。

表 2-1　藻类色素、贮藏物质、细胞壁成分

纲（门）	色素*	贮藏物质	细胞壁成分
蓝藻纲 Cyanophyceae	蓝藻叶黄素，β- 胡萝卜素，玉米黄质，海胆酮，颤藻黄素，藻蓝蛋白，别藻蓝蛋白，藻红素	多葡聚糖，蓝藻颗粒体，多磷酸，偶见聚羟基丁酸酯	胞壁酸
原绿藻纲 Prochlorophyceae	叶绿素 b，β- 胡萝卜素，隐藻黄素（缺胆蛋白）	多葡聚糖，直链淀粉	胞壁酸
绿藻纲 Chlorophyceae	叶绿素 b，β- 胡萝卜素，玉米黄质，叶黄素，紫黄质，新黄质，有时是管黄质	直链 + 支链淀粉	纤维素，少许蛋白质
裸藻纲 Euglenophyceae	叶绿素 a，叶绿素 b，β- 胡萝卜素，叶黄素	副淀粉	
红藻纲**Rhodophyceae	β- 胡萝卜素，玉米黄质，藻红素，藻蓝素，别藻蓝素	红藻淀粉，红藻糖，海藻糖，异红藻糖，麦芽糖，蔗糖	纤维素，木聚糖，半乳聚糖，碳酸钙
隐藻纲 Cryptophyceae	叶绿素 c，藻蓝素，藻红素（缺别藻蓝素）	淀粉	纤维周质体和少许蛋白质
甲藻纲 Dinophyceae	叶绿素 c，β- 胡萝卜素，多甲藻素，甲藻黄质	油，淀粉	具甲的或不具甲的，壳或各种成分的表质膜（甲藻）
金藻纲 Chrysophyceae	叶绿素 c，β- 胡萝卜素，一些叶黄素，主要地岩藻黄质	金藻昆布糖、油	纤维素，几丁质，硅质鳞片
硅藻门 Bacillariophyta	叶绿素 c，β- 胡萝卜素，岩藻黄质，硅甲黄质，硅黄素，新岩藻黄质	金藻昆布糖，脂类，一些葡聚糖	硅质
绿胞藻纲 Choromonadophyceae	叶绿素 c，β- 胡萝卜素，花药黄素，叶黄素	油	细胞壁不存在
真眼点藻纲 Eustigmatophyceae	β- 胡萝卜素，菜黄素，无隔藻黄素脂	一些还原碳水化合物	纤维素
褐藻纲 Phaeophyceae	叶绿素 c，β- 胡萝卜素，岩藻黄质	昆布糖，甘露醇	纤维素，褐藻酸盐，墨角藻素

* 全部纲（或门）有叶绿素 a。
** 在某些红藻中发现叶绿素 d，只有过一次报道，但没有被证实。

2.1.3 色素及色素体

除蓝藻和原绿藻外，藻类细胞都具有色素体。蓝藻无色素体，色素分散在原生质外缘部分。多数绿藻及少数褐藻和红藻的色素体含一个或几个蛋白核，蛋白核通常由蛋白质的核心和其外的淀粉鞘两部分组成，有些褐藻和裸藻蛋白核无鞘，有些裸藻蛋白核表面为副淀粉鞘。藻类的主要色素组成见表2-1。

2.1.4 贮藏物质

绿藻及轮藻与高等植物一样贮藏淀粉，褐藻贮藏昆布糖及甘露醇，裸藻贮藏副淀粉（裸藻淀粉），红藻贮藏红藻淀粉，甲藻贮藏油及淀粉，金藻贮藏金藻昆布糖及油，硅藻贮藏金藻昆布糖、脂类及葡聚糖（表2-1）。

2.1.5 细胞核

蓝藻和原绿藻细胞无典型的细胞核结构(即无核膜和核仁结构)，但有核的功能，故称原始核。细胞核的主要成分脱氧核糖核酸（DNA）位于细胞中心部分，称"中央体"。其他各门藻类，细胞多具一个细胞核，少数种类具有多个核，核膜内含核仁和染色质。细胞核绝大多数为球形，也有长圆形或其他形状的。

2.1.6 繁殖

藻类的繁殖方式基本上有三种：营养繁殖、无性生殖和有性生殖。

（1）营养繁殖：是一种不通过任何生殖细胞（动孢子、不动孢子、配子等）进行繁殖的方法。许多单细胞藻类的营养繁殖是通过细胞分裂进行的，而丝状类型藻类营养繁殖是营养体上的一部分，由母体分离出来后又能长成1个新个体。

（2）无性生殖：是通过产生不同类型的孢子进行的，产生孢子的母细胞叫孢子囊（sporangium），孢子囊是单细胞的。孢子不需要结合，一个孢子可长成一个新个体。孢子类型很多，有动孢子（zoospore）、不动孢子（静孢子aplanospore）、厚壁孢子（akinete）、似亲孢子（autospore）、内生孢子（endospore）、外生孢子（exospore）等。绿藻的游动孢子通常具2（或4）条等长顶生的尾鞭型鞭毛（鞭毛上没有横向小短茸毛称为尾鞭型鞭毛）；金藻、黄藻的动孢子具两条不等长的鞭毛；硅藻的动孢子具有两条顶生等长的鞭毛；褐藻的动孢子为侧生两条长短不等的鞭毛。蓝藻和红藻不产生动孢子，每个母细胞通常产生多数（常为 2 的倍数）的孢子。

（3）有性生殖：有性生殖的生殖细胞叫配子（gamete），产生配子的母细胞叫配子囊（gametangium）。在一般情况下，配子必须两两相结合成为合子（zygone），由合子萌发长成新个体，或合子产生孢子长成新个体。极少数情况下，一个配子不经过结合也能长成一个个体，叫作单性生殖。根据相结合的 2 个配子的大小、形状、行为，又分为同配、异配和卵式配。同配（isogamy）指相结合的两个配子的大小、形状、行为完全一样；异配（heterogamy）指相结合的两个配子的形状一样，但大小和行为有些不同，大的不活泼，叫雌配子，小的比较活泼，叫雄配子；卵式配（oogamy）指相结合的两个配子的大小、形状、行为都不相同，大的无鞭毛、圆球形、不能游动，称为卵，小的具鞭毛、很活泼，称为精子。卵和精子的结合叫受精作用，它们的合子叫受精卵，卵式配可以认为是显著分化的异配生殖。

蓝藻、裸藻至今未发现有有性生殖。红藻有性生殖全为卵式配并发展到相当高级的程度。生殖细胞不具鞭毛。

2.1.7　生活史

生活史指某种生物在整个发育阶段中，有一个或几个同形或不同形的个体前后相继形成一个有规律的循环。藻类的生活史有 4 种基本类型：

（1）生活史中仅有营养繁殖。这种类型因为没有性生殖，当然也没有减数分裂，所以它们的核相谈不上是单倍体（n）的，还是双倍体（$2n$）的。蓝藻和有些单细胞藻类属于这种类型。

（2）生活史中仅有一个单倍体的植物体。行无性生殖和有性生殖，或只行一种生殖方式。在有性生殖中，减数分裂发生在合子形成后，新植物体产生之前（图 2-1），如衣藻、团藻、丝藻属于这种类型。

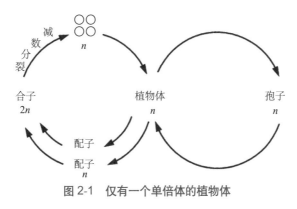

图 2-1　仅有一个单倍体的植物体

（3）生活史中仅有一个双倍体的植物体。只行有性生殖，减数分裂在配子囊中配子产生之前（图2-2）。绿藻中的管藻目一部分、硅藻的全部和褐藻中的鹿角菜目是这种类型。

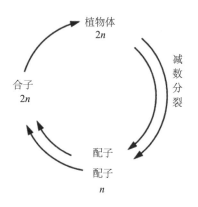

图 2-2　仅有一个双倍体的植物体

（4）生活史中有世代交替的现象。即生活史中有 2 或 3 个植物体（真红藻纲），单倍体的植物体行有性生殖，合子萌发时不经减数分裂，产生双倍体的植物体，此双倍体的植物体行无性生殖，经减数分裂产生孢子，长出单倍体的植物体。从孢子开始一直到产生配子，这一段时期都是单倍体的，总称为有性世代。配子体是有性世代的植物体。合子，一直到减数分裂之前，这一段时期都是双倍体，总称为无性世代。孢子体是无性世代的植物体。这种生活史中有性世代和无性世代交替的现象，叫作世代交替（图2-3）。在有性世代交替的生活史中，如果配子体和孢子体的形态构造基本上相同，就叫作同形世代交替；不相同的，叫作异形世代交替，绿藻中的石莼及褐藻中的水云均属同形世代交替，褐藻中的海带则属于异形世代交替。

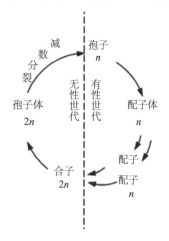

图 2-3　世代交替现象

2.2 藻类在环境监测中的应用

　　藻类是低等的绿色植物，是水生生态系统的重要成分，在水生生态系统中起着提供物质和能量的作用。藻类不但种类繁多，分布广泛，而且它的生态习性和生活方式也是多种多样的。它的群落结构与水环境相适应，随水环境的变化而改变，因此，藻类群落结构是评价水质的一项重要指标。不同藻类对环境变化的反应也各不相同，例如，当水体受到某种毒物污染时，有些藻类对污染物十分敏感，有些则有较大的忍耐力，还有一些只生活于污水中。根据藻类的种类和数量的变化情况常可以判断水体污染的状况。同时，藻类的生理、生化特点和体内污染物的累积也可以明显地反映出外界环境的污染特征。因此，详细地分析水生藻类的种类、数量和群落结构，或研究它们的生理、生化反应和对毒物累积特点等，可以相当准确地估定水体的污染性质和程度。这种用藻类来估定环境污染的方法，便是藻类监测。

　　目前，在水污染监测中藻类已被广泛地利用。林碧琴曾于 1978—1979 年用藻类生态监测法对沈阳浑河水质进行监测与评价。章宗涉（1983）在吉林省图们江采用人工基质法做了三年系统的着生藻类调查，认为藻类总数与污染程度的关系最为明显。张子安等（1984）采用人工基质挂片研究了珠江流域北江水系的着生硅藻与水质关系，讨论硅藻的指示作用。罗森源等（1985）在湘江中用着生藻类群落的对数正态分布法，计算了种数优势比和数量，评价了水质。魏印心（1994）开展了洪湖水质的评价和浮游藻类群落的研究。日本 Lobo 等（1994）以石头表面的硅藻聚集评价了日本东京 28 条河流 52 个采样点的河流水污染状况。

　　藻类在水体富营养化监测方面更具有独特的重要作用，如氮、磷等污染物大量进入水体会引起水体富营养化，导致水体中某些藻类的过量增殖而形成"水华"。藻类的过量增加，使水质变坏，影响水资源的利用。此外，藻类在进行光合作用过程中吸收二氧化碳，放出氧气，对水质净化起着重要作用。因此，藻类不仅可以作为监测水质而且也可以作为水质净化过程的重要指标。但是，藻类监测仍存在着一定的缺点，一是藻类本身有它的适应性，有一定的忍耐力，而且这种忍耐力随着生活于污水的时间增长而加强；二是藻类与藻类之间，藻类与非生物环境因素之间均有着复杂的相互关系，因此降低了监测的灵敏性和专一性；三是藻类监测需要技术人员具有较高的藻类专业基础知识和扎实的生物学基础知识，如生理、生化、遗传、生态等，并且需要长时间的技能训练和经验积累；四是藻类监测工作量大，耗费时间较长。

2.3 藻类监测主要手段

水生藻类监测主要手段包括"指示藻类"监测、群落结构变化监测、生物指数和生物物种多样性指数。

2.3.1 "指示藻类"监测

所谓指示藻类（indicate algae）是指对环境某些物质，能产生各种反应信息的藻类，根据这些藻类种的存在或消失作为监测指标。最早应用"指示藻类"监测的是德国的 Kolkwitz 和 Marrson，他们于 1908 年提出指示河流有机污染的"污水生物系统"，并在不同污染带选择出了不同的"指示物"，其中大量的"指示物"是藻类。这个系统既是以前这方面研究的总结，又是以后研究指示藻类的基础。该系统在监测、评价河流污染，自净程度方面起着积极作用。此系统把水体污染程度分为五个带。

（1）多污带（polysaprobic zone）

此带化学过程是还原和分解作用，无溶解氧或极少，化学需氧量很高，有强烈的硫化氢气味，有大量高分子有机物，往往有黑色硫化铁存在，故常成黑色。细菌大量存在，每毫升水中达 100 万个以上，所有动物都是摄食细菌者，均能耐 pH 的急剧变化，耐低溶氧的厌氧生物对硫化氢、氨等毒性有强烈的抗性，没有硅藻、绿藻、接合藻以及高等植物。

（2）α- 中污带（α-mesosaprobic zone）

此带水和底泥中出现氧化作用，溶解氧较少，化学需氧量高，硫化氢气味消失，高分子有机物分解产生铵盐。硫化铁氧化成氢氧化铁，故不呈黑色（底泥），细菌很多，每毫升水中达 10 万个以上。栖息生物以摄食细菌的动物占优势，还有肉食性动物，一般对溶解氧和 pH 变化有高度适应性，尚能容忍氨，对硫化氢耐性弱。藻类大量出现，有蓝藻、绿藻、接合藻和硅藻。

（3）β- 中污带（β-mesosaprobic zone）

此带氧化作用较强，溶解氧较多，化学需氧量较低，硫化氢气味消失，含很多脂肪酸的铵盐化合物，细菌数量较少，每毫升水中 10 万个以下。栖息生物对溶解氧及 pH 变动适应性差，对腐败性毒物如硫化氢无长时间耐性。硅藻、绿藻、接合藻的许多种类出现，为鼓藻类主要分布区。

（4）寡污带（oligosaprobic zone）

此带氧化（矿化）作用达到完成阶段，溶解氧很多，化学需氧量低，无硫化氢，有机物全部分解，底泥有大量氧，细菌数量很少，每毫升水在 100 个以下。栖息生物对溶解氧和 pH 的变动适应性很差，对硫化氢等腐败性毒物耐性极差，水中藻类多。

（5）清水带（kathaobic zone）

此带是清洁的、无污染的水，常见于山间溪流，水中藻类的种类与寡污带类同。

Kolkwitz 和 Marsson 的污水生物系统，除有文字说明外，还有指示生物列表，他们使用的指示生物主要是藻类。由于比较烦琐，加上研究者对指示种类认识的差异，同一种藻类有人确定为寡污带藻类，而他时、他地、他人发现于中污带或多污带者不乏其例。再者，鉴定种名必须具有相当专业的知识和经验，故不易推广，未被英美等国学者普遍接受，但仍有许多研究者使用了此系统，并不断进行修改和补充。表 2-2 为 Fjerdingstad 等（1964）以及我国相关学者在图门江、珠江、汾河等地的研究报告中列出的常见污水指示生物。

表 2-2　常见污水指示生物

指示生物		多污带	α- 中污带	β - 中污带	寡污带
蓝藻	颤藻属 Oscillatoria				
	阿氏颤藻 O.agardhii			++++	
	O.brevis		++++	++	
	O.chalybea		++++	++	
	O.chlorina	++++	++++	++	
	美丽颤藻 O.formosa		++++		
	O.limosa		++++	++++	
	巨颤藻 O.princeps			++++	
	小颤藻 O.tenuis		++++	++++	
	席藻属 Phormidium				
	蜂巢席藻 P. favosum		++++		
	窝形席藻 P.foveolarum		++++		
	螺旋藻属 Spirulina				
	方胞螺旋藻 S.jenneri	++			
	束丝藻属 Aphanizomenon				
	水华束丝 A.flos-aquae		++	++++	
	鱼腥藻属 Anabaena				
	水华鱼腥藻 A.flos-aquae		--	++++	++
	螺旋鱼腥藻 A.spiroides		--	++++	--
	微囊藻属 Microcystis			++++	
硅藻	小环藻属 Cyclotella				
	山西小环藻 C.shanxiensis				++++
	扭曲小环藻 C.comta		++	++	--
	梅尼小环藻 C.meneghiniana		++	++	--
	冠盘藻属 Stephanodiscus				
	S.hantzschii		++++	++++	
	沟链藻属 Aulacosira				
	A. granulate			++++	
	直链藻属 Melosira				
	变异直链藻 M. varians		--	----	++++	--
	脆杆藻属 Fragilaria				
	F.crotonensis			++	++++

	指示生物	多污带	α-中污带	β-中污带	寡污带
	钝脆杆藻 F.capucina			++++	++++
	F.construens		++++	++++	++
	F.virescens			- - - -	- - - -
	针杆藻属 Synedra			++++	++
	肘状针杆藻 S.ulna				
	尖针杆藻 S.acus			++++	++
	Asterioneis Formosa			++++	++
	蛾眉藻属 Ceratoneis				
	弧形蛾眉藻 C.arcus				++++
	等片藻属 Diatoma				++++
	长等片藻 D.elongoium				++++
	普通等片藻 D.vulagare			++++	++++
	平板藻属 Tabellaria				
	T.fenestrate			- - - -	++++
	T.flosculosa		- -	++	++++
	短缝藻属 Eunotia				
	E.pectonalis				++++
	E.lunaris				++++
	曲壳藻属 Achnanthes				
	A.exigua				++++
	A.lanceolata				++++
	A.linearis			- -	- -
	卵形藻属 Cocconeis				
	扁圆卵形藻 C.placentula		- - - -	++++	++
	C.placentula var.lineata				++++
硅藻	辐节藻属 Stauroncis				
	S.acuta				++++
	肋缝藻属 Frustulia				
	F.rhomboids				++++
	布纹藻属 Gyrosigma				
	G.acuminatum		- - - -	++	++++
	异极藻属 Gomphonema				
	G.olivaceum		++	++++	
	G.angustatum				++++
	G.acuminatum				++++
	舟形藻属 Navicula				
	隐头舟形藻 N.cryptocephala		++++	++++	- -
	N.cuspidata			++++	
	N.oblonga		- -	- -	++++
	N.pupula	- -	++++	- -	
	N.accomoia		++++		
	桥弯藻属 Cymbella				
	C.affinis		- -	- -	++++
	C.turgidula	- -	++++	- - - -	
	羽纹藻属 Pinnularia				
	P.gibba			++++	
	P.interrupta		++++	- - - -	
	P.mesolepta			++++	
	双眉藻属 Amphora				
	A.ovalis				++++
	双壁藻属 Diploneis				

	指示生物	多污带	α- 中污带	β- 中污带	寡污带
硅藻	*D.ovalis*			++++	
	棒杆藻属 *Rhopalodia*				
	R.gibba				----
	菱板藻属 *Hantzschia*				
	H.amphioxys		++++	++++	
	菱形藻属 *Nitzschia*				
	N.angustata		--	--	
	N.apicutata		++++		
	N.acicularis			++++	
	N.palea	++	++++	++++	
	N.hungarice		++++		
	N.tryblionella		++++		
	双菱藻属 *Surirella*				
	S.capronii			++++	
	S.linearis		----	++++	--
	S.ovata		----	++++	--
	S.spiralis				++++
	波缘藻属 *Cymatopleura*				
	C.solea		++++	++++	--
	C.elliptica			----	++++
金藻	单鞭金藻属 *Chromulina*				
	C.ovalis				++++
	鱼鳞藻属 *Mallomonas*				++++
	锥囊藻属 *Dinobryon*				
	黄群藻属 *Synura*				
	S.urelle			++++	
黄藻	黄丝藻属 *Tribonema*				
	T.minus				++++
	T.viride			----	++++
甲藻	裸甲藻属 *Gymnodinium*				
	G.aeruginosum			++++	
	多甲藻属 *Peridinium*				++++
	角甲藻属 *Ceratium*				
	C.hirundinella				++++
隐藻	隐藻属 *Cryptomonas*				
	啮蚀隐藻 *C.erosa*		++++	++++	
	蓝隐藻属 *Chroomonas*				
	尖尾蓝隐藻 *C.acuta*			++++	
裸藻	裸藻属 *Euglena*				
	绿色裸藻 *E.viridis*	++++			
	鱼形裸藻 *E.pisciformis*	++	++++		
	E.ehrenberfii			++++	
	E.spirogyra			++++	
	E.oxyuris			++++	
	E.gracilis			++++	
	E.deses	++++			
	鳞孔藻属 *Lepocinclis*				
	L.steinii			++++	
	囊裸藻属 *Trachelomonas*				
	T.oblonga			++++	

	指示生物	多污带	α-中污带	β-中污带	寡污带
绿藻	衣藻属 Chlamydomonas	--	++	++++	
	四鞭藻属 Carteria				
	C.klebsii	--	++++		
	绿梭藻属 Chlorogonium				
	C.elongatum			++++	
	空球藻属 Eudorina				
	E.elegans			++++	++
	实球藻属 Pandorina				
	P.morum			++++	----
	盘星藻属 Pediastrum				
	P.duplex			++++	++++
	P.boryanum	++++	++++		
	P.tetras		++++	++++	
	P.biradiatum			----	----
	纤维藻属 Ankistrodesmus				
	A.falcatus		++++	++++	
	栅藻属 Scenedesmus				
	S.obliquus		++++	++++	
	S.quadricauda		----	++++	----
	S.arcuatus		++++	++++	
	空星藻属 Coelastrum				
	C.microporum			++++	----
	月牙藻属 Selenastrum				
	S.bibraianum			++++	
	四胞藻属 Tetraspora				
	T.gelatinosa				++++
	水网藻属 Hydrodictyon				
	H.reticulatum			++++	++++
	丝藻属 Ulothrix				
	U.zonata			--	++++
	竹枝藻属 Draparnaldia				
	D.mutabilis				++++
	刚毛藻属 Cladophora			++	++++
	新月藻属 Closterium				
	C.acerosum			++++	
	C.leibleinii			++++	

注：++++ 极常出现；++ 常出现；---- 出现；-- 偶尔出现。

根据所监测河流、河段的生物组成，对照污水指示生物表，可以对某个河段有机物污染的程度作出初步判断，特别是接纳生活污水的河流且流速缓慢时，此法应用效果较好。但这一污水生物系统不能应用于金属或其他毒物引起的污染。

2.3.2 群落结构变化监测

水生藻类群落结构与水环境相适应，随水环境的变化而改变。在有机污染严重、溶解氧很低的水体中，水生生物群落的优势种是由抗低溶解氧的种类组成，在未受污染的水体中的藻类群落优势种则必然是一些清水种类。Fjerdingstad 总结了 25 年的研究成果指出，以污水生物系统为基础监测污染并不十分妥当，主要表现在以下几个方面：一是生长最适条件比能生存条件的限度要狭窄得多；二是污水生态系统中同一带区内将所有污水种类都运用上，实际上这些种在水域中能指示广泛的不同条件；三是该系统所划分的污染带中，多污带与 α- 中污带之间的中间类型应予以否定，因为这样划分使整个系统混乱。据此，Fjerdingstad（1964）提出用群落中的优势种来划分污染带，他把水体划分为 9 个污染带。

（1）粪污带（caprozoic zone），无藻类优势群落

a. 细菌群落（the bacterium community）。

b. 波豆群落（the bodo community）。

c. 两者皆具的群落（both communities）。

（2）甲型多污带（α-polysaprobic zone）

a. 裸藻群落，优势种为绿色裸藻（*Euglena viridis*），亚优势种为华丽裸藻（*E.phacoides*）。

b. 红色—硫黄细菌群落。

c. 纯绿细菌群落。

（3）乙型多污带（β-polysaprobic zone）

a. 裸藻群落，优势种为绿色裸藻和静裸藻。

b. 白硫菌群落。

c. 硫丝菌群落。

（4）丙型多污带（γ-polysaprobic zone）

a. 绿颤藻（*Oscillatoria chlorino*）群落。

b. 球衣菌群落。

（5）甲型中污带（α-mesosaprobic zone）

a. 环丝藻（*Ulothrix zonata*）群落。

b. 底栖颤藻（*O.benthonicum*）群落，包括镰头颤藻（*O.brevis*）、泥生颤藻（*O.limosa*）、灿烂颤藻（*O.splendida*）、细致颤藻（*O.subtillissins*）、巨颤藻（*O.princeps*）、弱细颤藻（*O.tenuis*）。

c. 小毛枝藻（*Stigeoclonium tenue*）群落。

（6）乙型中污带（β-mesosaprobic zone）

a. 脆弱刚毛藻（*Cladophora fracta*）群落。

b. 席藻（*Phormidium*）群落，包括蜂巢席藻（*P.favosum*）、韧氏席藻（*P.retzii*）。

（7）丙型中污带（γ-mesosaprobic zone）

a. 红藻群落，优势种为串珠藻（*Batrachospermum moniliforme*）或河生鱼子菜（*Lemanea fluviatilis*）。

b. 绿藻群落，优势种为团刚毛藻（*Cladophora glomerata*）或环丝藻（*Ulothrix zonata*）。

（8）寡污带（oligosaprobic zone）

a. 绿藻群落，优势种为簇生竹枝藻（*Draparnaldia glomerata*）。

b. 纯的环状扇形藻（*Meridion circulare*）群落。

c. 红藻群落，包括环绕鱼子菜（*Lemance annulata*），漫游串珠藻（*Batrachospermum vagum*）、胭脂藻（*Hildenbrandia rivularis*）。

d. 无柄无隔藻（*Vauchecria sissilis*）群落。

e. 洪水席藻（*Phormidium inundatum*）群落。

（9）清水带（katharobic zone）

a. 绿藻群落，优势种为羽枝竹枝藻（*Draparnaldia plumosa*）和 *Chlorotylium cataractum*。

b. 红藻群落包括胭脂藻等。

c. 蓝藻群落，包括波蓝管孢藻（*Chamaesiphon polonicus*）和眉藻属（*Calothrix*）的多个种类。
用藻类群落代替指示藻类种是污水生物系统的一个发展趋势。

2.3.3 生物指数和生物物种多样性指数

在利用指示藻类和群落结构监测水体污染时，还引用了生物指数和生物物种的多样性指数等手段，以简化监测方法。

2.3.3.1 生物指数

生物指数是指运用数学公式反映生物种群或群落结构的变化，以评价环境质量的数值。通常使用的生物指数有如下几种：

（1）硅藻指数

硅藻指数由 Watamabe（1962）提出，根据河流中不耐有机污染的硅藻种类数、对有机污染无特殊反应的种类数，以及仅在有机污染区内独有地存在的种类数来评价污染程度，计算公式为：

$$I = \frac{A+B-C}{2A+B-2C} \times 100\%$$

式中，*I*——硅藻指数；

A——河流中不耐有机污染的硅藻种类数；

B——对有机污染无特殊反应的硅藻种类数；

C——仅在有机污染区内独有地存在的硅藻种类数。

I 在 60% 以下为良好，60% ～ 80% 为污染，80% 以上者为高度有机污染或工业污水污染。

（2）藻类种类商

瑞典和挪威曾用过各门藻类种类商划分水质类型。Thunmark（1945）将绿藻类 / 鼓藻类的种类数商作为划分水体营养类型的标准。Nygard（1946）也随之用各门藻类的种类数计算各种商，其公式分别为：

$$蓝藻商 = \frac{蓝藻种数}{鼓藻种数}$$

$$绿藻商 = \frac{绿藻种数}{鼓藻种数}$$

$$硅藻商 = \frac{中心纲种数}{羽纹纲种数}$$

$$裸藻商 = \frac{裸藻种数}{裸藻种数 + 绿藻种数}$$

$$复合藻商 = \frac{蓝藻种数 + 绿藻种数 + 中心纲硅藻种数 + 裸藻种数}{鼓藻种数}$$

绿藻商 0 ～ 1 为贫营养型，1 ～ 5 为富营养型，5 ～ 15 为重富营养型。复合藻商小于 1 为贫营养型，1 ～ 2.5 为弱富营养型，3 ～ 5 为中度富营养型，5 ～ 20 为重度富营养型，20 ～ 43 为严重富营养型。

（3）污生指数

污生指数主要根据不同藻类种类和出现频率，分别给予分值，评价有机污染。这种污生指数在欧洲有些国家采用较多，计算公式为：

$$SI = \frac{\sum S \cdot h}{\sum h} = \frac{S_1 h_1 + S_2 h_2 + \cdots}{h_1 + h_2 + \cdots}$$

式中，SI——污生指数值；

S——不同种类的分值，从寡污染种到多污种为 1 ～ 4；

h——出现频率，从少到多分为三或五级，分值为 1 ～ 5。

SI 在 1.0 ～ 1.5 为轻污染，1.5 ～ 2.5 为中污染，2.5 ～ 3.5 为重污染，3.5 ～ 4.0 为严重污染。

（4）污染评价值

污染评价值是由捷克的 Zelinka 和 Marvan（1961）首先提出的一种方法，方法特点是考虑因素多一些，计算时更复杂些。他们对不同生物（包括动物、植物）在不同污染地带生理的相对重要性给予不同的污染价（saprobic valency）（其总和为 10）和污染指示值。一种生物其污染价 10 集中在某一个污染带，则表示这种生物在指示这种污染程度相对重要，也表示它的污染指示作用大；某一种生物污染价是均匀分散在各个污染带，则它的指示作用也就越低。污染指示值变动范围是 1 ～ 5，值越大则指示污染价值越大。计算公式为：

$$A = \frac{\sum\limits_{i=1}^{n} a_i \cdot h_i \cdot g_i}{\sum\limits_{i=1}^{n} h_i \cdot g_i}$$

式中，A——污染评价值；

$\quad\quad a_i$——i 种的污染价；

$\quad\quad h_i$——i 种的个体数；

$\quad\quad g_i$——i 种污染指示值。

（5）营养状态指数

Carlson 根据湖水透明度、浮游藻类现存量（以叶绿素 a 值代表）、湖水总磷浓度间存在的相关关系，求出营养状态指数（Trophia State Index，TSI），其值为 0 ～ 100，用以划分水体的富营养化程度。

据叶绿素 a 值（chla）计算 TSI（chla）的公式为：

$$\text{TSI（chla）} = 10 \times \left(6 - \frac{2.04 - 0.68\ln\text{chla}}{\ln 2}\right)$$

据透明度（SD）计算 TSI（SD）的公式为：

$$\text{TSI（SD）} = 10 \times \left(6 - \frac{\ln\text{SD}}{\ln 2}\right)$$

据总磷（TP）计算 TSI（TP）的公式为：

$$\text{TSI（TP）} = 10 \times \left(6 - \frac{\ln(48/\text{TP})}{\ln 2}\right)$$

式中，chla 浓度单位为 mg/m³，TP 为总磷浓度，单位为 mg/L。

TSI ≤ 37 为贫营养型；37 ＜ TSI ≤ 53 为中营养型；TSI ＞ 53 为富营养型。

2.3.3.2 生物物种多样性指数

生物物种多样性指数是指应用数理统计方法求得表示生物群落中的种类和个体数量的数值，用以评价水环境质量。

多样性是群落的主要特征。在清洁的条件下，生物的种类多，个体数相对稳定。当环境条件变化（受污染或其他危害时），不同种类的生物对环境变化的敏感性和耐受能力是不同的，敏感的种类在不利的条件下死亡，抗性强的种类则大量繁殖，群落发生演替，这种演替可用多样性指数表示，以便应用简单的指数值来评价水环境质量。由于污染物种类和性质的不同，污染程度也就不同，群落中减少的种类数不同，耐污种类个体数量的增加也不同。因此，利用多样性指数来反映水体污染状况，常用计算多样性指数的公式如下：

（1）R.Margelef（1951）多样性指数

$$d = \frac{S-1}{\ln N}$$

式中，d——多样性指数；

　　　S——生物的种类数；

　　　N——群落的个体总数。

此公式只考虑种数和个体数的关系，未考虑个体在各种类间的分配情况，这样易掩盖不同群落的种类和个体的差异，并易受计数样品大小的影响。

（2）Shannon-Weaver（1963）多样性指数

$$d = -\sum_{i=1}^{s} \left(\frac{n_i}{N}\right) \log_2\left(\frac{n_i}{N}\right)$$

式中，d——多样性指数；

　　　s——生物的种类数；

　　　n_i——某种藻类的个体数；

　　　N——群落的个体总数。

（3）Jaccard（1968）两群落相似性指数

$$I = \frac{a+b-c}{c}$$

式中，I——两群落相似性指数；

　　　a——甲群落种数；

b——乙群落种数；

c——两群落共有种。

（4）Cairns（1968）连续比较指数

$$SCI=\frac{R}{N}$$

式中，SCI——连续比较指数；

R——"组"数；

N——总个体数。

所谓"组"并非生物学上的种或属数，而是镜检时，从左至右或从上往下将相邻个体加以比较，只要相邻两个体形态相同者（非分类学上的同种、同属……）均为一组，例如外观上为圆形与圆形具一根鞭毛及圆形具两鞭毛或椭圆形和椭圆形具双鞭毛等均可组成"组"。如果相同的一组个体被一个不相同的个体（这一个体可算为一组）所间隔，又看到与前一组相同的个体则另为一组。如此连续比较 200 个个体，即可算出指数值。指数值范围为 0 ～ 1，一般认为指数值越小，污染越重。连续比较指数不必鉴定到种，研究样品中仅 200 个体，故比较简便，也节省时间，一般非生物学工作者都可应用。

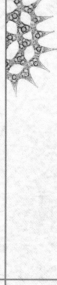

3

Chapter

第 3 章
监测方法

LIAOHE LIUYU ZAOLEI JIANCE TUJIAN

3.1 监测点位的设置

　　藻类监测点位的设置合理与否，关系到监测数据可靠性的程度，只有选择具有代表性的监测点位，才有可能提供代表性的样品，提供反映真实水环境质量的监测数据，是整个监测过程质量保证的基础。

3.1.1 监测点位设置原则

　　由于藻类的生物量、种类数量及其分布、群落结构等指标与水质、栖息地环境密切相关，其监测点位的选择涉及众多影响因素和变量，在实际选择过程中，应做到尽可能地反映流域或区域水环境现状及污染特征，尽可能以最少的断面获取足够代表性的环境信息，还应考虑采样的可行性和方便性，应遵循以下原则：

　　（1）空间代表性原则。选择的点位要有空间代表性，从河流或者湖泊、水库环境总体考虑，最好分布在不同区域、不同生境、不同功能区的不同河流上，兼顾到流域内多数河流。

　　（2）经济性原则。监测点位的设置要以最少的点位、人力、物力和财力，获取最大效益，尽量设置在交通方便、采样安全的地段，以保证人身安全和样品及时运输。

　　（3）尽可能与例行监测点位保持一致。为方便与理化指标结合并利用历史监测数据进行深入分析，监测点位应尽可能与例行监测点位保持一致。

　　（4）连续性原则。应尽可能利用不同时期、不同监测项目设置的监测点位，保持监测点位的连续性，获得长系列的监测数据，为分析环境质量变化趋势和评价环境效益、强化环境管理等服务。

3.1.2 监测点位设置方法

　　由于藻类的多样性和影响因素的复杂性，在遵循上述点位设置原则的基础上，点位设置方法除参照地表水监测点位设置方法外，还应根据藻类监测的特殊性进行有目的的设置，以获得具有整体性和代表性的样品。从我国国情、人力、条件出发，根据监测水体的不同，河流和湖泊、水库点位设置方法如下。

3.1.2.1 河流

根据藻类监测目的的不同，一般在河流以下位置设置监测点位：

（1）设置在城市饮用水水源区、主要风景游览和娱乐用水区、鱼类及野生生物资源丰富的敏感性水体、自然保护区、与水源有关的地方病发病区、地球化学异常区，以及国际河流在国境线的出入口等具有重要价值的水体关键地点。

（2）设置在主要河流干流，主要支流汇合处的上游、下游，以及充分混合的河段处，靠近河流进入海湾的河口处，湖泊、水库的出入河口等地点。

（3）设置在主要河流流经大、中城市，工矿企业或农业用水等污染较严重的河段。

（4）设置在基本未受或者少受人类活动影响的关键位置上。

每个监测点位的采样数量应视河流宽度而定，河宽在 50 m 以下时，在河中心设置 1 个点位；河宽在 50～100 m，设置左、右两个采样点位；河宽达到 100 m 以上时，设左、中、右 3 个点位。

3.1.2.2 湖泊、水库

由于湖泊、水库受其水体动力学条件、入湖河流、沿岸污染源及流出河流等的影响，应考虑湖库形态特征、生态特点及人为活动等各种影响因素，应在以下位置设置监测点位：

（1）流入湖泊、水库，以及流出湖泊、水库的河流汇合口处。

（2）主要污染源排污口处。

（3）湖（库）区的不同区域，如进水区、出水区、深水区、浅水区、湖心区、岸边区。

（4）在不同功能区设置点位，如取水区、娱乐区、鱼类产卵区等。

（5）在相对清洁区。

3.1.3 调查和搜集所需的资料

有机玻璃采水器（图 3-1）、25 号浮游生物网（网孔大小为 0.064 mm，见图 3-2）、固定面积的圆形盖子（图 3-3）、硅藻计（图 3-4）、聚酯薄膜采样器（图 3-5）、密封样品盒（图 3-6）、样品瓶和刷子（图 3-7）、靴裤和水靴（图 3-8）、保温箱和冰排（图 3-9）、鲁哥氏液（40 g 碘溶于含碘化钾 60 g 的 1 000 mL 溶液中）、福尔马林、标签及现场记录表等。

图 3-1　有机玻璃采水器

图 3-2　25 号浮游生物网

图 3-3　固定面积的圆形盖子

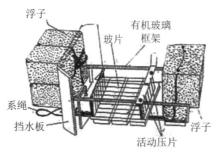
图 3-4　硅藻计

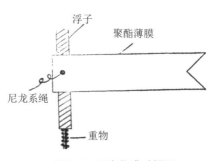
图 3-5　聚酯薄膜采样器

图 3-6　密封样品盒

图 3-7　样品瓶和刷子

图 3-8　靴裤和水靴

图 3-9　保温箱和冰排

3.2 监测项目及监测频次

结合辽河流域近 30 年水生藻类监测经验，考虑到工作量较大及人员相对不足等问题，河流型水体应监测着生藻类，水库型水体应监测浮游藻类。

水生藻类监测频次和时间无硬性要求，但是，由于我国地域辽阔，气候千差万别，如寒冷地区冬季采样困难等，各地可根据当地藻类的分布状况、分布特征、生境条件以及监测目的等选择最佳监测频次和监测时间。可以按季度和水期进行监测，春、夏、秋、冬每季度监测一次，枯水期、丰水期、平水期每个水期监测一次。也可结合不同的监测目的及当地实际情况确定监测频次。如根据辽河流域丰水期特点，藻类采样困难、代表性差，水生藻类例行监测每年在枯水期和平水期各进行一次。

3.3 样品采集及处理

3.3.1 浮游藻类

3.3.1.1 采样及处理

（1）定量样品的采集

浮游藻类的采样，可采用有机玻璃采水器。使用时注意先夹住出水口橡皮管，再将两个半圆形上盖打开，让采水器沉入水中，底部入水口则自动开启。下沉深度应在系绳上有所标记，当沉入所需深度时，即上提系绳，上盖和下入水口自动关闭，提出水面后，不碰及下底，以免水样泄漏。将出水口橡皮管伸入容器口，松开铁夹，水样即流入容器。

一般常规藻类监测，河流宜在水面下 0.5 m 左右采样，可不分层取样。在湖泊、水库采样，若水深不超过 2 m，一般可仅在表层取样，若透明度很小，可在下层加取一样，并与表层样混合制成混合样；对于透明度较大，水又较深的地方，可按表层、透明度的 0.5 倍、1 倍、1.5 倍、2.5 倍、3 倍处各取一样，再将各层样品混合均匀后再从混合样中取一样，作为定量样品。采水量通常为 1 ~ 2 L，若浮游藻类密度过低，应酌情增加采水量。

（2）定性样品的采集

用 25 号浮游生物网，在水面和 0.5 m 深处以 20 ~ 30 cm/s 的速度做"∞"形循回缓慢拖动（网内不得有气泡）约 3 min（视生物多寡而定）。

（3）样品固定、浓缩与保存

水样采集之后应马上加固定液固定，以免时间延长导致标本变质。一般 1 000 mL 样加 15 mL 鲁哥氏液。固定后置含冰排的保温箱中保存，样品运至实验室后应立即进行浓缩处理，如不能马上进行，应将样品放在 4℃左右的阴暗处冷藏，避免细菌大量繁殖导致样品腐败。

从野外采集并经固定的水样，带回实验室后必须进一步沉淀浓缩。为避免损失，样品不要多次转移。1 000 mL 的水样直接静置沉淀 24h 后，用虹吸管小心抽掉上清液，余下 20～25 mL 沉淀物转入 30 mL 定量瓶中，用上清液少许冲洗容器几次，冲洗液加入 30 mL 定量瓶中。

用作长期保存的样品，在实验室内浓缩至 30 mL，补加 1 mL 福尔马林，密封保存，并加贴标签，最好样品瓶内也放一同样标签。

（4）现场记录

所有样品都应编号，并记录采样时间、采样地点、深度、采样量等。若在现场进行活体观察，应记录观察到的藻类种类，特别是固定时容易变形的种类。如隐藻（*Cryptomonas*）、衣藻（*Chlamydomonas*）、单鞭金藻（*Chromulina*）等。

3.3.1.2 计数

（1）显微镜的校准

将目镜测微尺放入 10 倍目镜内，应使刻度清晰成像（一般刻度面应朝下），将台尺当作显微玻片标本，用 20 倍物镜进行观察，使台尺刻度清晰成像。台尺的刻度代表标本上的实际长度，一般每小格 0.01 mm。转动目镜并移动载物台，使目尺与台尺平行，并且目尺的边沿刻度与台尺的 0 点刻度重合，然后数出目镜测微尺 10 格相当于台尺多少格，用这个格数去乘 0.01mm，其积表示目镜测微尺 10 格代表标本上的长度多少毫米，做好记录，即某台显微镜 20 倍物镜配 10 倍目镜，某目镜测微尺 10 格代表标本上的长度多少。

用作测量和计数的其他镜头的每一种搭配，也都应做同样的校准和记录。

（2）计数框及其使用

浮游藻类计数可采用 0.1 mL 的计数框，其实际长度和深度可用测经器配合测微尺测量之，计数框内载玻片上每两相邻刻度之间的实际距离，也应事先用测微尺测准确，并做好记录。注液前，将盖片斜盖在计数框上，将样品按左右平移的方式充分摇匀，立即用 0.1mL 的吸管吸取 0.1 mL 样品，缓缓注入计数框内，然后将盖片平旋正位。这样注入样品，可防止气泡的产生。但是不可注的过满而使盖片浮起，以免改变深度，影响结果的准确性。

（3）计数

计数前，计数框中的样品至少要静置 10 min，使浮游生物沉至框底。对于某些不下沉的蓝绿藻要单独计数，然后再加入总数内。

计数单位：一个单细胞生物，一个自然群体，都看作一个单位。

长条计数：选取两相邻刻度从计数框的左边一直计数到计数框的右边称为一个长条。与下沿刻度相交的个体，应计数在内，与上沿刻度相交的个体，不计数在内，与上、下沿刻度都相交的个体，以生物体的中心位置作为判断的标准，也可在低倍镜下，按上述原则单独计数，最后加入总数之中。一般计数三条，即第 2、5、8 条，若藻体太稀，则应全片计数。

硅藻细胞破壳不计数。硅藻细胞空壳可按中心纲和羽纹纲分别单独计数，但不加入总数之中，仅用于后述硅藻计数的校正。

藻体密度最好每视野 10 个或更多。如果样品太稀，可将样品浓缩到原体积的 $1/c$，c 可称为浓缩系数。

（4）计算

原水样（非浓缩样、非稀释样）每毫升含浮游藻类个体数 N 可按下式计算：

$$N = C \cdot \frac{1\,000}{L \cdot W \cdot D \cdot c}$$

式中，C——计算各条所得之个体数之和；

L——长条长度之毫米数；

W——计数的各长条宽度毫米数之和；

D——长条深度之毫米数；

c——浓缩系数。

上式中，可设 $E = 1\,000 / (L \cdot W \cdot D)$，$E$ 称为计算因数，可事先算出并做好记录，若显微镜、目镜、物镜，计数框及计数条数不变，则 E 值不变，上式简化为：

$$N = \frac{C \cdot E}{c}$$

若样品实际未浓缩，则 $c = 1$，上式变为：

$$N = C \cdot E$$

若计数种属的组成，按长条计数法分类计数 200 个藻体以上。用画"正"的方法，每画一笔代表一个个体，记录每个种属的个体数。

3.3.2 着生藻类

3.3.2.1 采样

采样方法有天然基质法和人工基质法两种。

（1）天然基质法

应用天然基质法采集定性样品时，应采集所有生境（浅滩、急流、浅池、近岸区域）不同基质上的着生藻类样品，将所有样品混合装入样品瓶中，贴上标签，具体操作见表 3-1。

表 3-1　着生藻类天然基质采样方法

天然基质类型	采样方法
砂砾、卵石、圆石及树木残骸	将基质从水中缓慢移出，将表面相对较为光滑的和略带绿色、蓝绿色或棕黄色的部分用刷子或小刀刮取到装有少量蒸馏水的样品瓶中
苔藓、大型藻类、维管植物、根块	剪取或刮取植物表面滑腻的部分浸泡在水中，放入样品瓶，加少量蒸馏水
大块岩石、河床岩石、原木、树木	用刷子或小刀直接将基质上的藻类刮下，用蒸馏水冲洗入样品瓶中

注：若采集地点没有可以采集的基质，建议使用 25 号浮游生物网对水体的浮游种类进行定性采集，以获取较为丰富的种类类群。

应用此种方法进行定量样品采集时，需采集形状规则的天然基质（方形石块或者圆柱形木棒等），此方法最大的问题是天然基质面积测量误差较大。为使采样面积相对准确，可选用固定面积的圆形盖子，首先用盖子扣住规整石块的表面，其次用刷子将盖子外围的藻类刷掉，最后把盖子中的藻类刷入样品瓶中，加适量的蒸馏水和鲁哥氏液固定。

（2）人工基质法

目前广泛使用的人工基质主要有硅藻计和聚酯薄膜。

硅藻计包括采样架、载玻片、浮子、重锤及尼龙绳等几部分。图 3-4 是一种较规范的硅藻计，用有机玻璃制成，其架身较长，前边的挡水板可固定水流方向，阻挡杂物，浮子位于前、后两端，中间框架镶放玻片，其间隔以 2 cm 为宜。硅藻计也可用木料简易制作。

聚酯薄膜采样器（图 3-5）以 0.25 mm 厚的透明、无毒的聚酯薄膜做基质，按规格为 4 cm×40 cm 剪成图形状，一端打孔，固定在钓鱼用的浮子上，浮子下端缚上重物作为重锤。

使用硅藻计采集着生藻类时，采样器放置的深度应视当地水质透明度、水流缓急及光照强度等因素而定。一般为 10～15 cm，以人工基质受到合适光照为宜。放置时间一般为 9～14d。使用聚酯薄膜采样器采样时，采样点应设在水体没有漩涡的位置，以免薄膜打褶影响采样质量。

3.3.2.2 样品的处理与保存

（1）定性样品的处理

从采样器上取出基质，无论玻片或聚酯膜都应取多一些。再按上述方法，将全部着生藻类刮到盛有蒸馏水的玻璃瓶中，用鲁哥氏液固定，贴上标签，带回实验室作种类鉴定，鉴定后，再加入福尔马林保存。

（2）定量样品的处理

从采样器上取出基质（玻片三片或剪取聚酯膜 4 cm×15 cm），用玻片或刀片将基质上所着生的藻类全部刮到盛有蒸馏水的玻璃瓶中，再用蒸馏水将基质冲洗多次，用鲁哥氏液固定，贴上标签，带回实验室，置沉淀器内经 24 h 沉淀，弃去上清液，定容至 30 mL 备用，观察后，再加入福尔马林保存。

3.3.2.3 种类鉴定和计数

（1）定性鉴定

吸取备用的定性样品适量，在显微镜下进行种类鉴定，一般鉴定到属或种，优势种类尽可能鉴定到种，必要时硅藻可制片进行鉴定。

①硅藻标本的制作方法：将定性样品摇匀，沉淀去掉泥沙颗粒，用小玻璃管吸取少量硅藻样品放入玻璃试管中，加入与样品等量的浓硫酸，然后慢慢滴入与样品等量的浓硝酸，此时即产生褐色气体，在砂锅或酒精灯上加热至样品变白，液体变成无色透明为止，待冷却后将其离心（3 000 r/min，5 min）或沉淀，吸出上层清液，加入几滴重铬酸钾饱和溶液，使标本氧化漂白而透明，再离心或沉淀，吸出上层清液，用蒸馏水重复洗 4～5 次，直至中性，加入几滴 95% 酒精，每次洗时必须使标本沉淀或离心，吸出上层清液以免藻类丢失。

②硅藻封片：用作硅藻封片的封固胶折射率要高，Hyrax（海雷克斯）是较好的封固胶，若无 Hyrax，可自行炼制 Pleurax（普鲁雷克斯）（参见小久保清治著《浮游硅藻类》第二版第五章第七节），效果同样好。封片时，吸出适量处理好的标本均匀放在盖玻片上，在烘台上或酒精灯上烤干（含样品的面朝上），然后加上一滴二甲苯，随即加一滴封片胶，将有胶的一面盖在载玻片中央。风干后即可镜检。

（2）定量计数

同浮游藻类计数方法。

（3）计算方法

将定量计数中所记录的各种类的个体数，按下面的计数公式换算为每平方厘米基质上着生藻类的个体数。

$$n=\frac{n_i V}{V_i S}$$

式中，n——单位面积藻类个体数量，ind/cm²；

n_i——计数样品的总个体数量，ind；

V_i——计数样品体积，mL；

V——定容总体积，mL；

S——采样总面积，cm²。

（4）标本保存

永久玻片应放在玻片盒内，置于阴凉干燥处，并保持玻片面与水平面平行。处理过的硅藻壳体不易保存，至少应使硅藻壳一直浸在水中，建议加适量甘油和少许甲醛及麝香草酚与标本混匀后，密封保存。

4

Chapter

第4章
辽河流域
常见藻类图鉴

LIAOHE LIUYU ZAOLEI JIANCE TUJIAN

藻类植物具有共同特征，说明它们起源于一类共同的祖先，各种藻类存在着或近或远的亲缘关系。不同的类群在形态结构、色素组成等方面又存在显著差异，说明它们由一类共同祖先向着不同的方向演化。根据不同的演化方向，藻类又分成几大类，每类在分类学上称为一个"门"或几个"门"。藻类分类的主要依据是它们光合作用的器官和色素（颜色）、化学性质和色素的相对量，在代谢中储存食物的形式和化学性质，细胞壁的理化性质，运动阶段中鞭毛的性质、数量、形态以及在细胞中的着生部位，细胞核的特性等。对于藻类的分门，藻类学界的意见很不一致，美国 Robert Edward Lee（2008）将其分为蓝细菌门 Cyanobacteria、灰色藻门 Glaucophyta、红藻门 Rhodophyta、绿藻门 Charophyta、裸藻门 Euglenophyta、甲藻门 Pyrrophyta、顶复门 Apicomplexa、隐藻门 Cryptophyta、异鞭藻门 Heterokontophyta 和普林藻门 Prymnesiophyta 10 个门；胡鸿钧等（1980）采用蓝藻门 Cyanophyta、红藻门 Rhodophyta、甲藻门 Pyrrophyta、隐藻门 Cryptophyta、金藻门 Chrysophyta、黄藻门 Xanthophyta、硅藻门 Bacillariophyta、褐藻门 Phaeophyta、裸藻门 Euglenophyta、绿藻门 Charophyta 和轮藻门 Charophyta 11 门系统。胡鸿钧、魏印心（2006）又将 1980 版《中国淡水藻类》中的分类系统调整为蓝藻门 Cyanophyta、原绿藻门 Prochlorophyta、灰色藻门 Glaucophyta、红藻门 Rhodophyta、金藻门 Chrysophyta、定鞭藻门 Haptophyta、黄藻门 Xanthophyta、硅藻门 Bacillariophyta、褐藻门 Phaeophyta、甲藻门 Pyrrophyta、隐藻门 Cryptophyta、裸藻门 Euglenophyta、绿藻门 Charophyta 13 门系统。林碧琴等（1999）则采用了 12 门系统，即蓝藻门 Cyanophyta、裸藻门 Euglenophyta、甲藻门 Pyrrophyta、隐藻门 Cryptophyta、金藻门 Chrysophyta、金鞭藻门 Prymnesiophyta、硅藻门 Bacillariophyta、黄藻门 Xanthophyta、褐藻门 Phaeophyta、红藻门 Rhodophyta、绿藻门 Charophyta 和轮藻门 Charophyta。

辽河流域常见的藻类有 8 个门，即蓝藻门 Cyanophyta、绿藻门 Charophyta、硅藻门 Bacillariophyta、裸藻门 Euglenophyta、甲藻门 Pyrrophyta、隐藻门 Cryptophyta、金藻门 Chrysophyta 和黄藻门 Xanthophyta。

4.1 蓝藻门 Cyanophyta

蓝藻包括单细胞、群体和丝状体类型，在形态学结构方面发展最快的类型则是多列的分枝丝状体。种的鉴定常常根据藻丝（细胞列）直径和鞘的形式（Geitler，1932；Desikachary，1959），这两者在不同环境条件下都有显著变化。在丝状体类型中异型细胞已被用作为一个重要的判断特征，但是没有考虑到异型胞的出现不仅取决于基因型而且也取决于综合氮素的浓度。

因此分类描述应该根据培养观察和野外调查相结合的方式来进行。

蓝藻门仅 1 纲，即蓝藻纲 Cyanophyceae，特征与门相同。蓝藻纲 Cyanophyceae 可以分成色球藻目 Chroococcales、管孢藻目 Chamaesiphonales、宽球藻目 Pleurocapsales、念珠藻目 Nostocales 和真枝藻目 Stigonematales 五个目（Fritsch，1945）。主要特征为：

色球藻目：细胞松散地被围在胶质中，呈不规则的群体。

管孢藻目：附生植物具有显示极性的原植体，以内生孢子或外生孢子繁殖。

宽球藻目：丝体内没有异型胞，原植体分成直立的和平卧的系统（异丝性）。

念珠藻目：丝状的原植体无真正分枝，无异丝性。

真枝藻目：丝状原植体有真正分枝和异丝性。

4.1.1 色球藻目 Chroococcales

植物体为单细胞或群体。群体为球状、平板状、立方形或不定形群体，具个体或群体胶被。个体胶被有时融化在群体胶被中，胶被无色或呈黄色、褐色、红色。细胞球形、椭圆形、长圆形、卵形、棒形等，无基部及顶部的分化。细胞壁薄，分内外两层，内层与原生质体紧贴，外层胶化。原生质均匀或具有颗粒。生殖方式为细胞分裂或形成内生孢子。

色球藻目分科检索表

植物体为单细胞或群体；没有原始丝状体，没有假分枝……………色球藻科 Chroococcaceae

植物体为块状胶群体；具原始丝状体，并具堆积性假分枝…………石囊藻科 Entophysalidaceae

色球藻科分属检索表

1. 植物体为单细胞或少数细胞组成的不定形群体……………………………………………2

1. 植物体由多数细胞组成的群体……………………………………………………………5

　2. 细胞球形………………………………………………………集胞藻属 Synechocystis

　2. 细胞长大于宽…………………………………………………………………………3

　3. 细胞纺锤形、弓形或 S 形…………………………………蓝纤维藻属 Dactylococcopsis

　3. 细胞椭圆形，圆柱形，两端钝圆…………………………………………………………4

　　4. 单细胞或 2～4 个细胞在一起，没有共同胶被，细胞直……………聚球藻属 Synechococcus

　　4. 少数细胞聚集在一起，具有共同胶被，细胞弯……………………棒条藻属 Rhabdoderma

辽河流域常见属（种）

1. 微囊藻属 *Microcystis*

　　由球形或长形的细胞借无结构的胶质结合成球形或椭圆形或不规则穿孔的群体。大多数的种具有气泡，因此，微囊藻的群体在富营养的水体中常常大量漂浮在水表面，形成水华。有些种是普遍分布的，不仅在温带的池塘或湖泊里有分布，在热带的水体里也有分布。微囊藻是湖泊及池塘中主要的有机质的制造者。有些种具有毒性。

（1）水华微囊藻 *Microcystis flos-aquae*

植物团块黑绿色或碧绿色，由许多群体集合而成，肉眼可见，是各种水体中常见的浮游性蓝藻；群体球形、椭圆形或不规则形，成熟的群体不穿孔，不开裂；群体胶被均匀，但不十分明显；细胞球形，直径 3 ～ 7μm，密集；原生质体蓝绿色，有或无气囊。

生境：辽河流域分布极广。漂浮生活于各种水体中，生长旺盛时形成水华。鉴定标本采自三岔河断面。

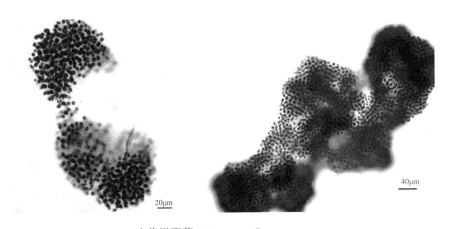

水华微囊藻 *Microcystis flos-aquae*

（2）**不定微囊藻** *Microcystis incerta*

植物团块为橄榄绿色的胶群体，群体球形或亚球形，常常集合成较大团块；群体胶被柔软、透明，质地均匀，无层理；细胞小，球形，直径 1 ～ 2μm，紧密排列在群体中央；细胞浅蓝绿色或亮蓝绿色；原生质体均匀，无气囊。

生境：各种静止水体。鉴定标本采自黑英台断面。

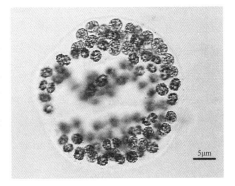

不定微囊藻 *Microcystis incerta*

（3）**铜绿微囊藻** *Microcystis aeruginosa*

植物团块大型，肉眼可见，橄榄绿色或污绿色。幼时球形、椭圆形，中实；成熟后为中空的囊状体，随着群体的不断增长，胶被的某些区域破裂或穿孔，使群体成窗格状的囊状体或不规则的裂片状网状体；群体最后破裂成不规则的、大小不一的裂片；此裂片又可成长为一个窗格状群体。群体胶被质地均匀，无层理，透明无色，明显，但边缘部高度水化。细胞球形、近球形，直径3～7μm；群体中细胞分布均匀又密贴。原生质体灰绿色、蓝绿色、亮绿色、灰褐色，多数具气囊。

生境：浮游性藻类，生长于各种水体中，夏季繁盛时，形成水华，也生长于潮湿的滴水流过的岩石上。鉴定标本采自辽宁省环保科学园园区湖。

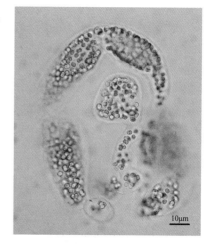

铜绿微囊藻 *Microcystis aeruginosa*

2. 隐球藻属 *Aphanocapsa*

植物体由2个至多个细胞组成的群体，群体呈球形、卵形、椭圆形或不规则形，小的仅在显微镜下才能看到，大的可达数厘米，肉眼可见；群体胶被厚而柔软，无色、黄色、棕色或蓝绿色；细胞球形，常常2个或4个细胞一组分布于群体中，每组间有一定距离；个体胶被不明显，或仅有痕迹；原生质体均匀，无假空泡，浅蓝色、亮蓝色或灰蓝色；细胞有3个分裂面。我国已记载16种3个变种。

（4）蚌栖隐球藻 *Aphanocapsa anodontae*

植物团块胶质，略有黏滑性，团块小而无一定的形态；细胞球形以至椭圆形，单独存在，或两两成组互相接近而形成群体（一般不超过24个）；群体球形，胶被无色或淡蓝绿色；细胞内的原生质体均匀，蓝绿色；细胞直径1.2～1.5μm。

生境：一般生长在蚌或扁卷螺的介壳上。浮游生活者少见。鉴定标本采自团结水库。

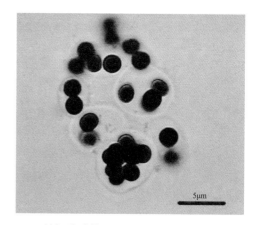

蚌栖隐球藻 *Aphanocapsa anodontae*

3. 隐杆藻属 *Aphanothece*

植物团块由少数或多数细胞聚集成的不定型胶质群体；群体球形或不规则；群体胶被均匀，透明而宽厚，或较薄、无色，或有时在群体边缘呈黄色或棕黄色；大多数种类的个体胶被彼此融合而不分层，或有时分层；细胞杆状、椭圆形或圆筒形，细胞内含物大多数均匀，无颗粒体，淡蓝绿色至亮蓝绿色。我国已记载13种。

（5）窗格隐杆藻 *Aphanothece clathrata*

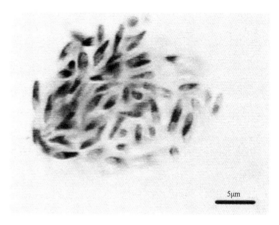

植物团块有浮游型及底栖型两类；浮游型的为微观的，底栖型的则较大，二者幼年时均为椭圆形，老时为不规则网状，胶被无色透明；细胞细长，圆桶形，直或略弯曲，在群体中分布较密集；细胞直径 0.6 ～ 0.7（～ 1）μm；细胞原生质体蓝绿色。

生境：常见于湖泊、水库等水体中。鉴定标本采自汤河水库。

窗格隐杆藻 *Aphanothece clathrata*

4. 色球藻属 *Chroococcus*

它有紧贴的分层的胶鞘，由这胶鞘包围着有两代或多次世代的圆球形的子细胞。生活在水中或泥土中。此属与粘球藻属及隐球藻属十分近似。这三属的主要区别是：色球藻属的群体胶被薄；粘球藻属的胶被厚、坚固，有的种类的个体胶被不明显或仅有痕迹。隐球藻属胶被厚而柔软。色球藻属的个体胶被明显且互相分开，粘球藻属的个体胶被部分地融合在群体胶被中。色球藻属群体细胞较少，很少超过 64 ～ 128 个。两细胞相连处平直或现棱角；粘球藻属及隐球藻属群体细胞多，细胞保持球形。

（6）湖泊色球藻 *Chroococcus limneticus*

植物体为由 4 ～ 32 个或更多细胞组成的群体，群体胶被厚而无色，透明无层理；群体中细胞往往 2 ～ 4 个成一小群，小群体的胶被薄而明显；细胞球形、半球形或长圆形，直径 7 ～ 12μm，包括胶被可达 13μm；原生质体均匀，灰色或淡橄榄绿色，有时具气囊。

生境：生长于各种大型水体中。鉴定标本采自福德店断面。

（7）束缚色球藻 *Chroococcus turicensis*

植物团块由 2 ～ 4 个细胞组成，群体胶被无色，黄色或黄褐色，厚而坚固，厚达 2.5 ～ 4μm；具有 2 ～ 4 层明显的层理；细胞为半球形，直径 16 ～ 21μm；细胞原生质体橄榄绿色或黄绿色，具有稀疏的颗粒。

生境：生长在潮湿岩石、静止水体、溪流中，常混生在其他藻类中，不成优势种。鉴定标本采自老官砬子断面。

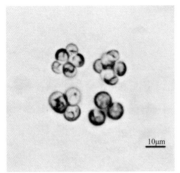 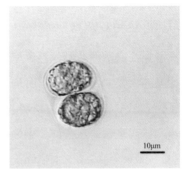

湖泊色球藻 *Chroococcus limneticus*　　束缚色球藻 *Chroococcus turicensis*

5. 平裂藻属 *Merismopedia*

植物体为一层细胞厚的平板状群体，细胞有规则地排列，常常每2个细胞两两成双，2对成一组，四组成一小群，许多小群集合成平板状植物体。群体胶被无色，透明而柔软。个体胶被不明显。细胞球形或椭圆形，内含物均匀，少数具伪空胞或微小的颗粒，淡蓝绿色至亮绿色，少数呈玫瑰色至紫蓝色。

（8）点形平裂藻 *Merismopedia minima*

群体由4个至许多个细胞组成；细胞小，互相密贴，球形、半球形，直径 0.8～1.2μm，高 1.5～1.8μm；原生质体均匀，蓝绿色。

生境：生长于湖泊及各种静止水体中，为浮游藻类，数量少。在潮湿的和水流经过的岩石上也有生存。鉴定标本采自鸽子洞断面。

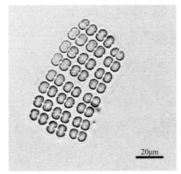 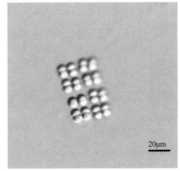

点形平裂藻 *Merismopedia minima*

（9）广州平裂藻 *Merismopedia cantonensis*

群体漂浮，膜状，近似叶片形，橄榄绿色，宽 1.5～2μm，长 1.5～6μm，两侧边缘浅裂，裂片 2～3 枚，席卷；小群细胞由许多细胞组成；细胞正面观为长圆形，宽 5～6μm，长 6～8μm，侧面观为圆柱形，宽 5～6μm，高 10～12μm；原生质体浅蓝绿色，无颗粒。

生境：常见于菜田间、水沟及水华水体中。鉴定标本采自马虎山断面。

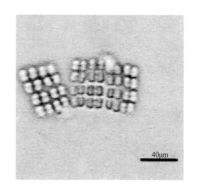

广州平裂藻 *Merismopedia cantonensis*

（10）旋折平裂藻 *Merismopedia convolute*

群体较大，有时目力可见，呈板状或叶片状；幼年期群体平整，以后因细胞不断分裂而逐渐增大面积，其群体可弯曲甚至边缘部卷折；细胞球形、半球形或长圆形，直径（4～）4.2～5（～5.2）μm，高（4～）8～9μm；原生质体均匀，蓝绿色。

生境：一般生长于各种静水水体，如湖泊、池塘、水洼和稻田中，繁殖旺盛时，可在水面形成橄榄绿色的膜层，漂浮于水面，但常混杂于其他藻类间，数量也少。鉴定标本采自下达河桥断面。

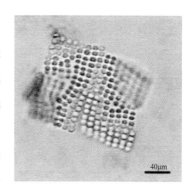

旋折平裂藻 *Merismopedia convolute*

6. 蓝纤维藻属 *Dactylococcopsis*

植物体为单细胞，或由少数以至多数细胞聚集形成的群体。群体胶被无色透明，宽厚而均匀。细胞细长、纺锤形、椭圆形、圆柱形，两端狭小而尖，直或略作螺旋形旋转，"S"形，或不规则弯曲。细胞内含物均匀，淡蓝绿色至亮蓝绿色。繁殖方式为细胞横分裂。

（11）不整齐蓝纤维藻 *Dactylococcopsis irregularis*

细胞单生，极长线形，较细，螺旋弯曲，末端尖锐，长 27～45μm，宽 1～1.5μm。

生境：辽河流域广泛分布。鉴定标本采自马虎山断面。

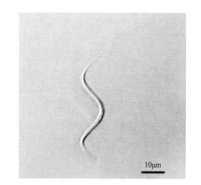

不整齐蓝纤维藻 *Dactylococcopsis irregularis*

43

4.1.2 念珠藻目 Nostocales

像色球藻目一样，念珠藻目已受到大量的难以接受的修改（Drouet，1968）。念珠藻目为蓝藻纲中非常大的一个目。植物体为非异丝性的丝状体，不分枝或伪分枝，没有真分枝。具鞘或无鞘，有或无异形胞，异型胞顶生或间生。生殖的最普通的方法是通过藻殖段进行。

念珠藻目分科检索表
1. 藻丝不分枝···2
1. 藻丝具假分枝···4
2. 没有异形胞··颤藻科 Oscillatoriaceae
2. 有异形胞··3
3. 藻丝分化成基部或顶部···微毛藻科 Microchaetaceae
3. 藻丝不分化成基部或顶部···念珠藻科 Nostocaceae
4. 藻丝两端或一端渐尖，有的丝体顶端细胞呈毛状·······························胶须藻科 Rivulariceae
4. 藻丝直径一致，两端或一端不渐尖，顶端细胞不成毛状····························双岐藻科 Scytonemataceae

念珠藻科分属检索表
1. 异形胞顶生··2
1. 异形胞间生··3
2. 孢子紧靠异形胞···柱孢藻属 Cylindrospermum
2. 孢子远离异形胞···项圈藻属 Anabaenopsis
3. 藻丝的末端细胞延长成无色细胞···束丝藻属 Aphanizomenon
3. 藻丝所有细胞形状相同··4
4. 植物体为定形群体··念珠藻属 Nostoc
4. 植物体为单生或不定形群体···5
5. 细胞短，盘状···节球藻属 Nodularia
5. 细胞不为盘状···鱼腥藻属 Anabaena

辽河流域常见属（种）

7. 念珠藻属 *Nostoc*

植物体主要生长在淡水中，在潮湿的土壤上也有许多。植物体常集合形成肉眼可见的胶状球形的或不规则形的扩展群体。藻丝在胶鞘内无规则地排列，有异形胞。休眠细胞可在藻丝的任何细胞中产生。许多种类有固氮能力，有的可食用。

（12）海绵状念珠藻 *Nostoc spongiaeforme*

植物体开始球形，胶质，后期扩展，泡状或瘤状，鲜蓝绿色、橄榄绿色、黄褐色；丝体宽 4μm，蓝绿色至橄榄绿色；细胞桶形或圆柱形，直径 3 ～ 4μm；异形胞近球形或长圆形，长 6 ～ 8μm，宽 4 ～ 7μm；孢子长 6 ～ 12μm，宽 6 ～ 7μm，外壁光滑。

生境：喜生活在静止水塘等静水水体中。鉴定标本采自清辽断面。

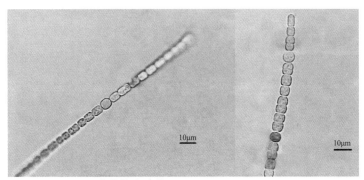

海绵状念珠藻 *Nostoc spongiaeforme*

8. 鱼腥藻属 *Anabaena*

植物体为单一丝状体或不定形胶质块，或柔软膜状；藻丝等宽或末端尖，直或不规则的螺旋状弯曲；细胞球形、桶形；异形胞常为间位；孢子一个或数个成串，紧靠异形胞或位于异形胞之间。

鱼腥藻属一种 *Anabaena* sp.

颤藻科分属检索表

1. 藻丝有鞘 ···5
1. 藻丝通常无鞘 ··2
  2. 藻丝短而直，仅由 3～6 个（8 个）细胞构成 ···········博氏藻属 *Borzia*
  2. 藻丝较长，如果藻丝短，则弯曲或呈螺旋形 ·····························3
3. 藻丝直或作不规则地弯曲 ·································颤藻属 *Oscillatoria*
3. 藻丝弯成弧形，半圆形或形成规则的螺旋状 ·····························4
  4. 藻丝稍长，个别也有短的，通常为多转数的螺旋状，横壁明显或不明显
   ···螺旋藻属 *Spirulina*
  4. 藻丝短小（不超过 16 个细胞，常更少），弯成弧形、半圆形或构成极短小的螺旋（只有一、
   二圈旋转）···*Romeria*
5. 鞘微弱，含黏液，经常模糊不清 ·······································6
5. 鞘坚实 ···7
  6. 藻丝经常附着在草上 ··································席藻属 *Phormidium*
  6. 藻丝为单体，任意漂浮 ····················假膜藻属 *Katagnymene*
7. 藻丝经常结成一束或几束 ·································束藻属 *Symploca*
7. 藻丝体通常连成各种形状，但不连成束，或任意漂浮·······鞘丝藻属 *Lyngbya*

辽河流域常见属（种）

9. 螺旋藻属 *Spirulina*

本属有 30 种。淡水和海水均有生长。单细胞或多细胞组成丝体，无鞘；圆柱形呈疏松或紧密的有规则的螺旋状弯曲。细胞或藻丝顶部常不尖细，横壁常不明显，收缢或不收缢，顶细胞圆形，外壁不增厚。

（13）钝顶螺旋藻 *Spirulina platensis*

植物体为多细胞丝状体，具横壁，有规则的螺旋卷曲，末端圆钝，螺旋宽 26～36μm，螺距 43～63μm。营养价值高有极大应用前景，是目前人工大面积培养种类之一。

10μm

钝顶螺旋藻 *Spirulina platensis*

生境：喜生活在静止水体中。鉴定标本采自三岔河断面。

10. 颤藻属 *Oscillatoria*

植物体为不分枝的单条藻丝，或由许多藻丝组成皮壳状或块状的漂浮群体，无鞘或有薄鞘。藻丝能颤动。横壁处收缢或不收缢，顶端细胞的形状多样，末端增厚或具帽状体。细胞短柱形或盘状，内含物均匀、具颗粒或有伪空胞。以段殖体繁殖。细胞横壁收缢与否是分种的依据。本属超过100种。在淡水和海水中均有分布，在湖、库的深水处，在温泉、污水、泉水中均有生长。

（14）巨颤藻 *Oscillatoria princes*

藻丝单条或多数，聚积成橄榄绿色、蓝绿色、淡褐色、紫色或淡红色胶块；藻丝多数直，鲜绿色或暗绿色，末端略细而弯曲，横壁不收缢，内侧不具颗粒，末端细胞扁圆形，略呈头状，外壁不增厚或略增厚；细胞长为宽的 0.09 ～ 0.25 倍，长 3.5 ～ 7 μm。

生境：稻田，静止水体表面稻田底泥上。鉴定标本采自下达河桥断面。

（15）断裂颤藻 *Oscillatoria fraca*

藻丝长 100 ～ 200 μm，横壁不收缢，两侧具颗粒，两端不尖细，顶端细胞圆形或截形，不具帽状体；细胞长 2.5 ～ 4.6 μm，宽 7 ～ 8 μm。

生境：喜生活在湖泊、水库等静水水体中。鉴定标本采自老官砬子断面。

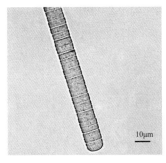

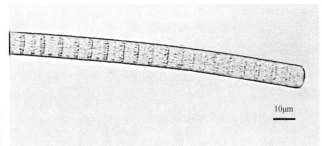

巨颤藻 *Oscillatoria princes*　　　　　　断裂颤藻 *Oscillatoria fraca*

（16）绿色颤藻 *Oscillatoria chlorine*

植物体黄绿色；藻丝直或略弯曲，末端钝圆，末端细胞不具帽状结构；横壁不收缢或略收缢；细胞长 3.7 ～ 8 μm，宽 2.5 ～ 4 μm。

生境：小溪。鉴定标本采自滚马岭断面。

（17）变红颤藻 *Oscillatoria rubeccens*

藻丝直，末端渐尖细，有时形成紫红色或紫色、自由漂浮的束状；顶端细胞头状，具凸出的帽状结构，横壁不收缢，两侧常具颗粒，细胞内具气囊；细胞长为宽的1/3～1/2，长2～4 μm。

生境：河流，山泉。鉴定标本采自鸽子洞断面。

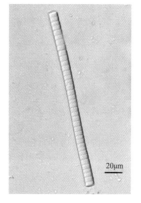 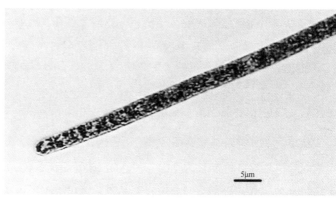

绿色颤藻 *Oscillatoria chlorine*　　　　变红颤藻 *Oscillatoria rubeccens*

（18）爬行颤藻 *Oscillatoria animalis*

植物体黑蓝绿色；藻丝直，横壁不收缢，两侧不具颗粒，顶端尖端微弯曲，末端细胞圆锥形，不具帽状结构，外壁不增厚；细胞长1.6～5 μm，宽3～4 μm。

生境：含钙的静止水体，温水，温泉（水温38℃），温室壁上。鉴定标本采自老官砬子断面。

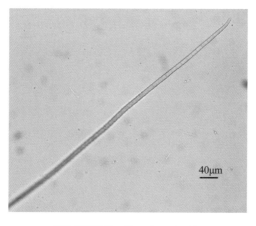

爬行颤藻 *Oscillatoria animalis*

11. 鞘丝藻属 *Lyngbya*

植物体为不分枝的单列藻丝，或聚集成厚或薄的团块，以基部着生。丝体有的呈螺旋形弯曲，有的弯曲成弧形而以中间部位着生在他物上，少数以整条着生，有的漂浮。有坚固的经久性的鞘，无色、黄、褐或红色，或分层或不分层。超过 100 种，生活在各种各样的环境中，海水中也有。

（19）希罗鞘丝藻 *Lyngbya hieronymusii*

丝体宽 12 ～ 24 μm；鞘坚固，无色；藻丝顶端钝圆，横壁两侧具颗粒及气囊；细胞长 2.5 ～ 4 μm，宽 11 ～ 13 μm。

生境：常见于静止水体、小水沟中。鉴定标本采自小赛子断面。

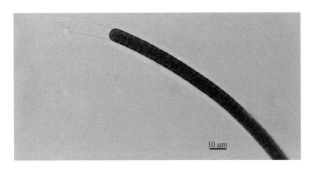

希罗鞘丝藻 *Lyngbya hieronymusii*

4.2 绿藻门 Chlorophyta

绿藻门的主要特征：光合作用色素组成包括叶绿素 a 和叶绿素 b。与高等植物相同，辅助色素有叶黄素、胡萝卜素、玉米黄素、紫黄质等。绝大多数呈草绿色，通常具有蛋白核，贮藏物质为淀粉，聚集在蛋白核周边形成板或分散在色素体的基质中。细胞壁主要成分是纤维素。

绿藻门分为绿藻纲 Chlorophyceae 和接合藻纲 Conjugatophyceae 两个纲。

绿藻纲：运动细胞或生殖细胞具鞭毛，能游动，有性生殖不为接合生殖。

接合藻纲：营养细胞或生殖细胞均无鞭毛，不能游动，有性生殖为接合生殖。

绿藻纲的主要特征是：运动细胞一般顶生 2 条等长鞭毛，少数 4 条，极少数 1 条，6 条或具一轮环状排列的鞭毛。植物体为单细胞，群体，丝状体（分枝或不分枝），假薄壁组织状和薄壁组织状等。无性和有性生殖（同配、异配或卵式配）。

接合藻纲的主要特征是：藻体的营养细胞和生殖细胞都不具鞭毛，无运动细胞。有性生殖是一种特殊接合生殖，由营养细胞形成没有鞭毛的可变形的配子相结合，产生接合合子。

绿藻纲分目检索表

1. 植物体为单细胞、不定形群体、定形群体·····································2
1. 植物体为简单或分枝丝状体、膜状体·······································5
  2. 植物体营养时期为运动型，营养细胞具鞭毛··············团藻目 Volvocales
  2. 植物体营养时期非运动型，营养细胞不具鞭毛或仅具假鞭毛···············3
3. 植物体为管状、球状的多核体····························管藻目 Siphonales
3. 植物体为单细胞、群体、定形群体·······································4
  4. 营养细胞有的具假鞭毛，细胞能进行植物性分裂，不形成似亲孢子···四胞藻目 Tetrasporales
  4. 营养细胞不具假鞭毛，细胞不能进行植物性分裂，形成似亲孢子···绿球藻目 Chlorococcales
5. 植物体为简单的或分枝的丝状体，每个细胞具多个细胞核··········刚毛藻目 Cladophorales
5. 植物体为简单的或分枝的丝状体、膜状体，每个细胞具单个细胞核·············6
  6. 细胞顶端不具帽状环纹；动孢子、配子、精子顶生 2 或 4 条鞭毛·······丝藻目 Ulotrichales
  6. 细胞顶端具帽状环纹；动孢子、精子顶生 1 轮环状排列的鞭毛·······鞘藻目 Oedogoniales

接合藻纲分目检索表

1. 细胞壁无微孔，分裂的细胞不产生 1 个新的半细胞，2 个可变形的配子接合时产生接合管···
···2
1. 细胞壁具微孔，分裂的细胞产生 1 个新的半细胞，2 个可变形的配子接合时不产生接合管···
···鼓藻目 Desmidiales
  2. 藻体为永久的，简单的丝状体·····················双星藻目 Zygnematales
  2. 藻体为单细胞或细胞相连成暂时性的简单丝状体·······中带藻目 Mesotaemiales

4.2.1 团藻目 Volvocales

藻体为运动单细胞或呈一定形状的多细胞的运动群体。群体细胞个数为 2 的倍数。营养细胞具鞭毛，自由游动。无性繁殖由动孢子来进行，或是通过形成能运动的子细胞群体。有性生殖由同配到卵配都有。本目已记述的超过 100 属，主要是淡水种类，一般生长在有机质丰富的小水体、湖泊沿岸带或潮湿土表上，少数种类营腐生生活。在海水中也有记录。

团藻目分科检索表

1. 细胞无纤维素的壁，原生质体外具细胞膜·························多毛藻科 Polyblepharidaceae
1. 细胞具纤维素的壁···2
　2. 单细胞···3
　2. 多细胞群体···5
3. 细胞壁由 2 个半片组成；细胞纵扁······························壳衣藻科 Phacataceae
3. 细胞壁非 2 个半片组成；细胞不纵扁···································4
　4. 原生质体表面具辐射状的细胞质连丝············红球藻科 Haematococcaceae
　4. 原生质体表面无辐射状的细胞质连丝··············衣藻科 Chlamydomonadaceae
5. 群体外无共同胶被，群体呈椎椹形··················椎椹藻科 Spondylomoraceae
5. 群体外具共同胶被，群体扁平或呈球形、卵形、椭圆形·········团藻科 Volvocaceae

衣藻科分属检索表

1. 细胞具 2 条鞭毛··2
1. 细胞具 4 条鞭毛···10
　2. 细胞具色素体···3
　2. 细胞不具色素体·····························素衣藻属 Polytoma
3. 细胞为新月形·································月绿藻属 Selenochloris
3. 细胞不为新月形··4
　4. 细胞表面具毛样结构·························被毛藻属 Hirtusochloris
　4. 细胞表面不具毛样结构··5
5. 细胞横切面为圆形··6
5. 细胞横切面为方形···························双十藻属 Diplostauron
　6. 细胞沿边平滑，完整··7
　6. 细胞沿边不完整，分成多个突起················叶衣藻属 Lobomonas
7. 原生质体与细胞壁分离······················拟球藻属 Sphaerellopsis
7. 原生质体不与细胞壁分离··8
　8. 细胞为长纺锤形·····························绿梭藻属 Chlorogonium
　8. 细胞不为长纺锤形··9

辽河流域常见属（种）

1. 衣藻属 *Chlamydomonas*

在淡水有机质丰富的水体中或潮湿土壤中普遍分布的种类，少数特殊的种类在4℃以下的冰雪中生长，只有少数种是海产的。游动单细胞；细胞球形、卵形、椭圆形或宽纺锤形等，不纵扁；细胞壁平滑，不具或具胶被。细胞壁前端有一个乳头状突起加厚，有的种不明显。具2条等长的不超过体长1.5倍的鞭毛，鞭毛基部具1或2个收缩泡。具1个大型的色素体，多为杯状，少为片状，"H"形或星状，常具1

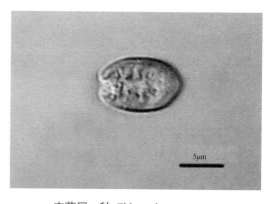

衣藻属一种 *Chlamydomonas* sp.

个大的蛋白核，少数具2个，多个或无。眼点位于细胞的一侧，橘红色。一个细胞核一般位于细胞中央偏前端。

此属细胞内蛋白质含量可达52%～58%（干重），可作为生产蛋白质的培养对象。多为乙型中污带的指示种。

（1）球衣藻 *Chlamydomonas globosa*

细胞小，多数近球形，少数椭圆形，常具无色透明的胶被。细胞前端中央不具乳头状突起，具2条等长的，稍长于体长的鞭毛，基部具1个伸缩泡。色素体杯状，基部很厚，基部具1个大的蛋白核。眼点位于细胞前端近1/3处，不很明显。细胞核位于细胞的中央。细胞直径5～10 μm。

生境：湖泊、水库，池塘。鉴定标本采自七台子断面。

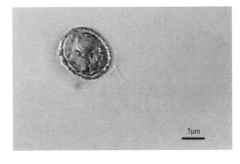

球衣藻 *Chlamydomonas globosa*

（2）马拉蒙衣藻 *Chlamydomonas maramuresensis*

细胞略侧扁，椭圆形，顶端略尖；细胞前端具两条与体长等长的鞭毛；基部具2个伸缩泡；乳头状突起扁平，具2个鞭毛孔；色素体片状，具穿孔和裂隙；具2个球形的蛋白核，分别位于色素体的两侧；眼点未见；细胞核位于细胞中部；细胞宽10～14 μm，长15～19 μm。有性生殖为同配式。

生境：长有苔藓的水池。鉴定标本采自小浑河闸断面。

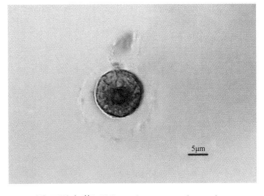

马拉蒙衣藻 *Chlamydomonas maramuresensis*

（3）近环形衣藻 *Chlamydomonas subannulata*

细胞黄绿色，圆球形，具较厚的胶被，前端具小的锥形乳头状突起；2条等长的鞭毛与细胞等长，基部具2个伸缩泡；色素体薄，环状，环绕细胞上半部分，后半部分大部分为无色透明区；1个大的球形蛋白核位于细胞侧边；眼点线形，位于细胞中部；具胶被细胞直径11～16 μm，不具胶被细胞直径9～12 μm。生殖方式不详。

生境：湖库边小水坑。鉴定标本采自七台子断面。

近环形衣藻 *Chlamydomonas subannulata*

（4）单胞衣藻分离变种 *Chlamydomonas monadina* var. *separates*

此变种与原变种的不同之处在于，新变种细胞壁与原生质体明显分离。细胞近球形；细胞宽 12 ～ 22 μm，长 10 ～ 19 μm。

生境：小池塘。鉴定标本采自七台子断面。

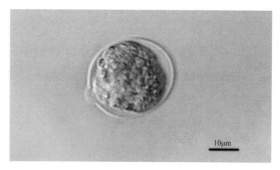

单胞衣藻分离变种 *Chlamydomonas monadina* var. *separates*

2. 叶衣藻属 *Lobomonas*

单细胞，卵形，椭圆形或不规则形。细胞壁具大型不规则排列的波状突起，横断面圆形，方形，四周具若干不规则排列的圆锥状突起。细胞前端中央有或无乳头状突起，具 2 条等长的鞭毛，基部具 2 个伸缩泡。色素体杯状，具 1 个蛋白核。眼点位于细胞的侧面。细胞单核。

（5）中华叶衣藻 *Lobomonas sinensis*

细胞广卵形，后端广圆。细胞壁很宽，具许多大型的、略具规则排列的圆锥形突起，垂直面观圆形，四周具数层，每层为 4 个圆锥形突起。细胞前端中央无乳头状突起，具两条等长的、略长于体长的鞭毛，基部具两个伸缩泡。色素体环状，基部增厚未达到细胞的中部，基部具 1 个大的、球形蛋白核。眼点长椭圆形，位于细胞前端近 1/3 处。细胞核位于细胞的中央。细胞不包括细胞壁宽 10μm，长 13.5 ～ 15μm；包括细胞壁宽 22 ～ 25μm，长 23 ～ 25μm。

生境：池塘、水沟等小型水体中。鉴定标本采自七台子断面。

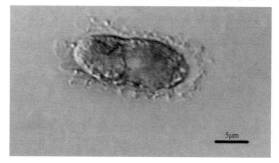

中华叶衣藻 *Lobomonas sinensis*

3. 四鞭藻属 *Carteria*

本属已记载超过 60 种，这一属的细胞结构、形状、大小及繁殖方法均与衣藻属相似，但其运动细胞具 4 条鞭毛。有些种生活在海水中，但大多数生活在淡水中。

（6）球四鞭藻 *Carteria globulosa*

　　细胞球形，细胞壁柔软。细胞前端中央无乳头状突起，具 4 条等长的、等于或略长于体长的鞭毛，基部具 2 个伸缩泡。色素体杯状，基部明显增厚，达到细胞的中部，基部具 1 个近似球形的蛋白核。眼点大，点状，位于细胞的前端或中部略偏于前端的侧边。细胞核位于细胞近中央偏前端，细胞直径 10 ～ 28μm。

　　生境：此种一般生长在静水小水体中，特别喜爱冷水性环境。鉴定标本采自马虎山断面。

球四鞭藻 *Carteria globulosa*

（7）胡氏四鞭藻 *Carteria huberi*

　　细胞宽椭圆形到略狭的卵形，壁薄；无乳头状突起，而细胞前端略有增厚；4 条等长的鞭毛略与细胞等长，基部具 2 个伸缩泡；色素体为明显的杯状，基部明显增厚达细胞中部，沿边部也较厚；蛋白核大，球形，位于色素体基部；眼点短棒状，位于细胞中部或略偏上部；细胞核位于细胞中部。细胞宽 7 ～ 8μm，长 11μm。生殖方式不详。

　　生境：小水体浮游。鉴定标本采自马虎山断面。

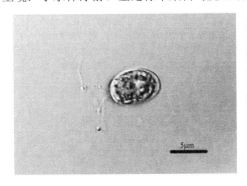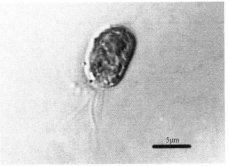

胡氏四鞭藻 *Carteria huberi*

团藻科分属检索表	
1. 群体呈板状、方形	盘藻属 Gonium
1. 群体呈球形、卵形或椭圆形	2
2. 群体细胞大小不等，前端的小，后端的大	杂球藻属 Pleodorina
2. 群体细胞大小相等	3
3. 群体细胞彼此贴靠	实球藻属 Pandorina
3. 群体细胞彼此不贴靠	4
4. 群体细胞不超过 256 个	空球藻属 Eudorina
4. 群体细胞 500 个以上	团藻属 Volvox

辽河流域常见属（种）

4. 盘藻属 *Gonium*

本属已记载 7 种。群体板状、方形，由 4～32 个细胞组成，排列在一个平面上，具胶被。群体中个体细胞胶被明显，彼此由胶被突起部分相连，呈网状，中央具 1 个大的空腔，细胞构造与衣藻相似。常生长在小水池。在有机质多的水体中大量繁殖。

（8）聚盘藻 *Gonium sociale*

群体仅由 4 个细胞构成，4 个细胞在 1 个平面上呈方形排列。细胞纵轴（鞭毛伸出方向）与群体平面平行。群体胶被内各细胞的个体胶被明显，圆形，彼此由短的突起相连接，中间具 1 个大的空腔。细胞卵形，基部广圆，前端钝圆，中央具 2 条等长的鞭毛，基部具 2 个伸缩泡。色素体大、杯状，基部具 1 个大的，圆形蛋白核。眼点位于细胞近前端。群体直径 20～48μm；细胞宽 6～16μm，长 6～22μm。有性生殖为同配。

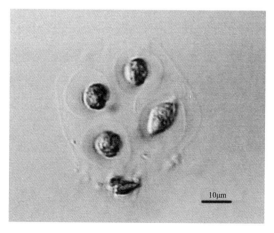

聚盘藻 *Gonium sociale*

生境：池塘等小水体。鉴定标本采自七台子断面。

5. 实球藻属 *Pandorina*

本属已记载 2 种。群体球形或椭圆形，由 4 个、8 个、16 个、32 个细胞组成。群体细胞彼此紧贴位于群体中心，细胞间常无空隙或仅在群体的中心有小的空间。细胞球形、倒卵形、楔形。其他结构与衣藻属相似。常见于有机质含量较多的浅水湖泊和鱼池中。

（9）实球藻 *Pandorina morum*

群体球形或椭圆形，由 4 个、8 个、16 个、32 个细胞组成。群体胶被边缘狭；群体细胞互相紧贴在群体中心，常无空隙，仅在群体中心有小的空间。细胞倒卵形或楔形，前端钝圆，向群体外侧，后端渐狭。前端中央具两条等长的、约为体长 1 倍的鞭毛，基部具两个伸缩泡。色素体杯状，在基部具 1 个蛋白核。眼点位于细胞的近前端一侧。群体直径 20 ～ 60μm；细胞直径 7 ～ 17μm。

生境：广泛分布于各种小水体。鉴定标本采自胜利塘断面。

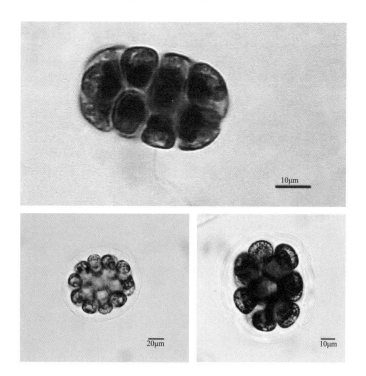

实球藻 *Pandorina morum*

6. 空球藻属 *Eudorina*

本属已记载6种。呈椭圆形的群体，由16个、32个、64个（通常32个）细胞组成。群体细胞彼此分离，细胞呈5面体排列，它的平面与椭圆形的主轴垂直。群体的极性是由于眼点大小不同，在群体顶端和底端细胞大小不同，以及由于性细胞分裂能力不同而表现出来。有性生殖是典型的卵式配合。常在有机质较丰富的小水体内。

（10）空球藻 *Eudorina elegans*

群体具胶被，椭圆形或球形，由16个、32个、64个（常为32个）细胞组成。群体细胞彼此分离，排列在群体胶被周边，群体胶被表面平滑。细胞球形，壁薄，前端向群体外侧，中央具2条等长的鞭毛，基部具2个伸缩泡。色素体大，杯状，有时充满整个细胞，具数个蛋白核。眼点位于细胞近前端一侧。群体直径50～200μm；细胞直径10～24μm。

生境：广泛分布于辽河流域。鉴定标本采自团结水库。

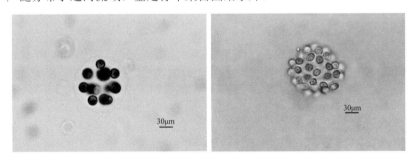

空球藻 *Eudorina elegans*

7. 团藻属 *Volvox*

本属是团藻科中高度发展的典型种类。群体具胶被，球形、卵形或椭圆形，由512个到数万个细胞组成。群体中细胞彼此分离，排列在无色的群体胶被周边，个体胶被彼此融合或不融合，成熟的群体细胞分化成营养细胞和生殖细胞，群体细胞间具或不具胞质连丝。成熟的群体常包含若干个幼小的子群体，母群体破裂后逸出，自由游浮成新群体。常产于有机质含量较多的浅水水体中，春季常大量繁殖。

（11）美丽团藻 *Volvox aureus*

群体球形或椭圆形，由500～4 000个细胞组成。群体细胞彼此分离，排列在群体胶被周边。细胞彼此由极细的细胞质连丝连接，细胞胶被彼此融合，细胞卵形到椭圆形，前端中央具2条等长的鞭毛，基部具 2 个伸缩泡。色素体盘状，具 1 个蛋白核。眼点位于近细胞前端的一侧。群体多为雌雄异株，少数为雌雄同株，成熟群体具 9 ～ 21 个卵细胞，合子壁平滑。群体直径为 150 ～ 800μm；细胞直径 4 ～ 9μm。

　　生境：小水洼，池塘等肥沃小水体。鉴定标本采自团结水库。

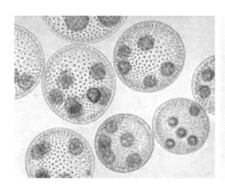

美丽团藻 *Volvox aureus*

4.2.2 丝藻目 Ulotrichales

　　藻体为一列细胞组成的简单的或分枝的丝状体。有的分枝种类藻体分化成直立部分和匍匐部分；有的分枝彼此紧贴成假薄壁组织状，或丝体退化成少数细胞（甚至单细胞），藻体形状不规则。多数种细胞壁由完整的 1 片构成，少数种由 2 半片构成。正面观呈 H 形。色素体周生，片状，带状或轴生，星状。多为单核，少具多核。不分枝的藻丝断裂后，断裂部分仍可进行细胞分裂而生长；具分枝的藻丝断裂的部分则很少进行细胞分裂。无性生殖形成具 2 条或 4 条鞭毛的动孢子或静孢子。有性生殖为同配、异配或卵式配。

　　本目分 2 亚目即丝藻亚目 Ulotrichineae 和环藻亚目 Sphaeropleineae。

　　丝藻亚目的主要特征是：细胞单核，多数种类具 1 个周生的色素体。

丝藻亚目的分科检索表

1. 陆生，藻体常为橘红色···橘色藻科 Treatepohliaceae
1. 水生，藻体常为绿色···2
　　2. 单细胞，丛生或为分枝或为不分枝的丝状体；具毛或不具毛·····················3
　　2. 藻体多为假薄壁组织状，中空的盘状、管状或动植物为单列丝状，成熟后为实心的圆柱状；无毛···9
3. 藻体为不分枝的丝状体；无毛···4

3. 藻体为单细胞、丛生或为分枝的丝状体；具毛 ………………………………6

  4. 细胞壁为完整的一片构成，镜面观不呈 H 形 ………………………………5

  4. 细胞壁由两片构成，镜面观呈 H 形 …………………微孢藻科 Microsporaceae

5. 色素体周生，带状 ……………………………………丝藻科 Ulotrichaceae

5. 色素体轴生，星状 …………………………………筒藻科 Cylindrocapsaceae

  6. 有性生殖为同配或异配 ……………………………………………………7

  6. 有性生殖为卵式配 …………………………………………………………8

7. 分枝丝状体的藻丝顶端具透明的毛 …………………胶毛藻科 Chaetophoraceae

7. 单细胞或丝状体，每个细胞具 1 条至多条长的胶毛，其基部常具胶鞘 …楯毛藻科 Chaetopeltidaceae

  8. 毛的基部具圆筒状的鞘；卵囊被一层细胞所包裹 …鞘毛藻科 Coleochaetaceae

  8. 毛的基部无鞘，常膨大；卵囊无细胞包裹 …………隐毛藻科 Aphanochaetaceae

9. 幼藻体为不分枝的丝状体，成熟后其下部为实心的圆柱状，藻体侧壁具环状构造…………
……………………………………………………裂线藻科 Schizomeridaceae

9. 藻体为中空的管状、片状或圆盘状；藻体侧壁无环状构造 …………………10

  10. 藻体由单层细胞组成，中空管状或片状 ……………………………………11

  10. 藻体由 2 或 3 层细胞组成，中空的圆盘状 ………………空盘藻科 Jaoaceae

11. 色素体周生、片状 …………………………………………石莼科 Ulvaceae

11. 色素体轴生、星状 …………………………………………溪菜科 Prasiolaceae

丝藻科分属检索表

1. 丝状体不具宽的胶鞘 …………………………………………………………2

1. 丝状体具宽的胶鞘 ……………………………………………………………8

  2. 丝状体长度无限，分化为顶细胞或基细胞 ……………………………………3

  2. 丝状体长度有限，不分化为顶细胞或基细胞 …………………………………4

3. 丝状体不具渐尖或弯曲的顶端细胞 …………………………丝藻属 Ulothrix

3. 丝状体具渐尖的顶端细胞，有时弯曲 ………………………尾丝藻属 Uronema

  4. 丝状体两端不细尖 ……………………………………………………………5

  4. 丝状体两端或一端细尖 ……………………………针丝藻属 Raphidonema

辽河流域常见属（种）

8. **丝藻属** *Ulothrix*

本属已记载约 25 种，多数于冷的季节在急流的水中出现，也有些是海产的，如 *U. flacca*（或 *U. Speciosa*）。藻体为简单的不分枝的丝状体，组成藻丝的所有细胞形态相同，罕见两端细胞钝圆或尖形；以长形的基细胞附着基质上。细胞壁薄或厚而分层；色素体周生，带状，长度多数大于细胞周边的一半，具 1 个或多个蛋白核。

（12）近缢丝藻 *Ulothrix subconstricta*

丝状体由圆柱形两端略膨大的细胞构成，横壁略收缢，宽 4 ～ 8μm，长 10 ～ 16μm；色素体片状，侧位，居细胞的中部，围绕周壁的 2/3，具 1 个蛋白核。

生境：各种水体中广泛分布，浮游生活。鉴定标本采自汤河水库出库口。

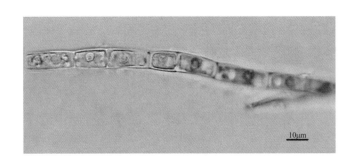

近缢丝藻 *Ulothrix subconstricta*

9. 克里藻属 *Klebsormidium*

目前已记载约 12 种，多数种类亚气生，生长在潮湿的土壤上，少数种类水生。植物体为单列细胞组成的不分枝的丝状体，无特殊的基细胞和顶细胞；细胞圆柱状，细胞壁薄，黏滑但不胶质化；色素体较小，侧位，片状或盘状，围绕细胞周壁的一半或小于一半具 1 个蛋白核。主要以丝状体断裂进行繁殖，也可以形成厚壁孢子或静孢子，很少产生双鞭毛的动孢子；有性生殖产生具有 2 根鞭毛的配子，但仅在 1 个种内有过报道。

（13）溪生克里藻 *Klebsormidium rivulare*

丝状体由单列圆柱形细胞构成，有轻微的或无横壁收缢；在丝状体中部或末端，常成对，罕为 1 个细胞，沿横壁方向向外侧，罕为朝相反方向的两侧各伸出一突出部分，此细胞通常较其他细胞略大，而丝状体就在此处形成膝状连接，有时此细胞经过一次与横壁方向相垂直的分裂面而成为有 2 个细胞的假分枝；细胞宽

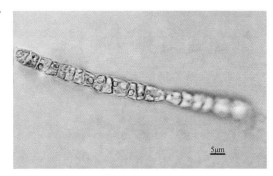

溪生克里藻 *Klebsormidium rivulare*

5～8μm，长为宽的 1～2 倍。具 1 个近球形或椭圆形的、或略不规则的、侧位的带状色素体，具 1 个大的蛋白核。厚壁孢子 4～8 个成一串，两串孢子中间的营养细胞常退化。

生境：亚气生或水生于稻田中。鉴定标本采自汤河水库出库口。

10. 游丝藻属 *Planctonema*

本属已记载仅 1 种。丝状体短，由少数圆柱状细胞构成，无胶鞘，两端的细胞壁明显加厚，有时形成帽状，侧壁薄；色素体片状，侧位，不充满整个细胞；无蛋白核。

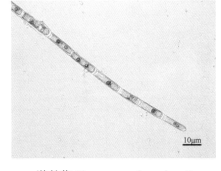

游丝藻 *Planctonema lauterbornii*

（14）**游丝藻** *Planctonema lauterbornii*

丝状体短，通常由 2 ～ 4 个细胞构成，细胞圆柱状，两端宽圆，宽 2.5 ～ 4μm，长（5 ～）9 ～ 15μm；细胞壁薄，无胶鞘；丝状体一端或两端的细胞常失去细胞质，仅留下部分细胞壁，略似"H"形；色素体片状，侧位，绕细胞壁不及一周，无蛋白核。

生境：湖泊、水库。鉴定标本采自团结水库。

微孢藻科

微孢藻科仅 1 属，为微孢藻属。

辽河流域常见属（种）

11. **微孢藻属** *Microspora*

分布广，全世界约有 20 种及变种，其中有些种是可疑的。除 1 种寄生在海绵体内的海产种类外，其余全为淡水产。主要生长在沼泽、池塘静水体中，少数生长在江河等流水中。早春生长繁茂。藻体为不分枝的丝状体，幼时着生，长成后漂浮。细胞壁镜面观为 H 形，有时分层明显。色素体周生，为不规则的具穿孔的片状或网状，无蛋白核，单核。

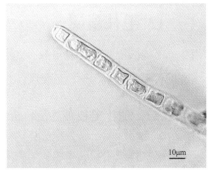

丛毛微孢藻 *Microspora floccose*

（15）**丛毛微孢藻** *Microspora floccose*

组成丝状体的细胞通常为圆柱形，横壁不收缢或略收缢，细胞壁薄，"H"片构造不明显，色素体灰绿色，网状，具穿孔或缺刻，细胞宽窄不一，10 ～ 16μm，长为宽的 0.5 ～ 2 倍。

生境：水坑、池塘、湖泊等。鉴定标本采自邱家断面。

（16）**短缩微孢藻** *Microspora abbreviata*

丝状体由圆柱状细胞组成，宽 5 ～ 8（～ 10）μm，长多为宽的 1 倍，罕为 2 ～ 3 倍。细胞壁"H"片构造较明显，色素体网状或块状，常具穿孔，充满整个细胞。

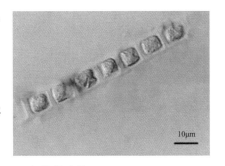

短缩微孢藻 *Microspora abbreviata*

生境：静止水体。鉴定标本采自邱家断面。

胶毛藻科分属检索表

1. 植物体常具一定的形态，呈球形、半球形或其他形状···胶毛藻属 *Chaetophora*

1. 植物体不呈球形、半球形···2

  2. 植物体主轴与分枝宽度近于相等，匍匐部分通常存在···毛枝藻属 *Stigeoclonium*

  2. 植物体的主轴显著宽于分枝，常以基细胞产生的假根着生，无明显匍匐枝·············3

3. 植物体具排列不规则的散生短分枝，分枝单生、聚集成丛状或松散地聚集；分枝顶端不具毛；主轴和分枝的营养细胞前端常呈头状···羽枝藻属 *Cloniophora*

3. 植物体具排列规则的短分枝，分枝在主轴或初级分枝上轮生或簇生，分枝顶端有的具毛；营养细胞前端不呈头状···4

  4. 主轴细胞长度近相等···竹枝藻属 *Draparnaldia*

  4. 主轴规则地由长细胞和短细胞相间排列组成，仅由短细胞产生分枝···拟竹枝藻属 *Draparnaldiopsis*

辽河流域常见属（种）

12. 毛枝藻属 *Stigeoclonium*

藻体固着生活，有厚胶被，分枝丝状体，分匍匐及直立两种枝。直立枝顶端渐尖形成多细胞毛状物，色素体 1 个，带状，周生，有 1 至数个蛋白核。

（17）池生毛枝藻 *Stigeoclonium stagnatile*

植物体绒毛状，着生，有时漂浮；丝状体长，柔软，分枝互生、对生，或有时 2～3 个分枝从一个细胞长出，分枝间的距离较宽，小分枝有时较短，呈刺状，常弯曲，末端尖细，罕见具刚毛；主轴细胞圆柱形，横壁不收缢，宽（6～）8～13（～32）μm，长为宽的 1～3 倍，有时长为宽的 3～6 倍（特别是近分枝处的细胞）。

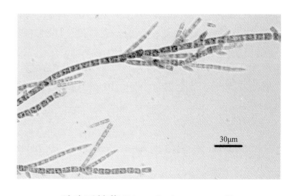

池生毛枝藻 *Stigeoclonium stagnatile*

生境：广泛分布于各种小水体。鉴定标本采自闹德海水库。

4.2.3 鞘藻目 Oedogoniales

丝状体，分枝或不分枝。以基细胞或假根状枝着生于其他物体上或漂浮水面。细胞单核，色素体周生，网状，具1个至多个蛋白核。这一目具有特殊的分裂方式。生殖方式有三种类型：

①营养繁殖：由营养细胞顶端发生环状裂缝，自此逐渐伸出新生的子细胞，这种分裂方式可在一个细胞上连续发生多次，因此常可看到在营养细胞的顶端残留一至多个帽状环纹。

②无性生殖：除基细胞外其他任何一个细胞的整个原生质体变化形成一个大型动孢子，前端有具有鞭毛的环。

③有性生殖：卵式生殖。

此目仅鞘藻科 Oedogoniaceae 1科，包括3个属。鞘藻属 Oedogonium 不分枝；枝鞘藻属 Oedocladium 分枝，但缺毛丝；毛鞘藻属 Bulbochaete 单侧分枝，而且顶部细胞有着长的无色的丝，通常在基部膨大呈半球形。这些藻类生长在淡水中或潮湿土壤上。通常存在于不流动的水体中，如池塘或湖库。若生长在流水中，则很少繁殖。正常繁殖发生在夏季。我国目前只发现在水中的鞘藻属和毛鞘藻属中的种类。枝鞘藻属中的绝大多数种生长在潮湿土壤上，至今我国还没有发现。

辽河流域常见属（种）

13. 鞘藻属 Oedogonium

本属已记载约380种。藻体为不分枝的丝状体，细胞是圆筒形，有直的或波纹的壁，末端细胞有时变尖或在末端有一刚毛，基细胞短，半球形，成长的藻丝能漂浮。生殖方式与目相同。本属的种类分布在稻田、水沟及池塘等各种静水水体中，在暖和季节生长繁茂。大量繁殖会对养鱼业造成危害。

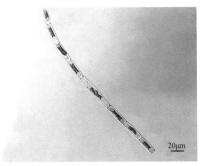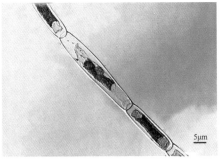

鞘藻属一种 Oedogonium sp.

4.2.4 绿球藻目 Chlorococcales

单细胞、群体及定形群体（由一定数目的细胞组成一定形态和结构的群体）营养细胞无鞭毛。无性生殖形成似亲孢子或动孢子，有性生殖为同配、异配或卵式配。

分类系统观点不一，有的分为5科，有的分为18科。我国记载本目藻类分属于10个科。

绿球藻目分科检索表

1. 藻体为单细胞或群体···2
1. 藻体为原始定形群体或真性定形群体··6
  2. 无性生殖产生动孢子···3
  2. 无性生殖产生似亲孢子···4
3. 单细胞或连成辐射状的群体；细胞长，两端钝圆或尖细，或两端或一端延长成刺或柄··小桩藻 Characiaceae
3. 单细胞或聚积成膜样小块；细胞球形或纺锤形············绿球藻科 Chlorococcaceae
  4. 群体；个体细胞常2个或4个为一组，包被在分叶的群体胶被顶端成为葡萄状细胞··葡萄藻科 Botryococcaceae
  4. 单细胞或群体；个体细胞无规则地分散在群体胶被中·······················5
5. 藻体常为单细胞···小球藻科 Chlorellaceae
5. 藻体常为群体··卵囊藻科 Oocystaceae
  6. 藻体为原始定形群体··7
  6. 藻体为真性定形群体··8
7. 个体细胞以胶质连结···································群星藻科 Sorastraceae
7. 个体细胞常4个为一组，彼此分离，以残存的母细胞壁连结·······网球藻科 Dictyosphaeriaceae
  8. 藻体扁平盘状··盘星藻科 Pediastraceae
  8. 藻体非扁平盘状···9
9. 群体为栅状、四角状或辐射状·······················栅藻科 Scenedesmaceae
9. 群体为中空球形··空星藻科 Coalastraceae

绿球藻科分属检索表

1. 细胞不具被膜···2
1. 细胞具纺锤形的被膜，被膜上具纵向肋纹··············缢带藻属 *Desmatractum*

2. 细胞壁平滑，均匀或不均匀增厚 ⋯⋯⋯⋯⋯⋯⋯⋯⋯⋯绿球藻属 *Chlorococcum*

2. 细胞壁具刺 ⋯⋯⋯⋯⋯⋯⋯⋯⋯⋯⋯⋯⋯⋯⋯⋯⋯⋯⋯⋯⋯3

3. 刺基部增厚 ⋯⋯⋯⋯⋯⋯⋯⋯⋯⋯⋯⋯⋯⋯粗刺藻属 *Acanthosphaera*

3. 刺基部不增厚 ⋯⋯⋯⋯⋯⋯⋯⋯⋯⋯⋯⋯⋯⋯⋯⋯⋯⋯⋯⋯4

4. 植物体由 4 个、8 个、16 个或更多个细胞组成的群体 ⋯⋯⋯微芒藻属 *Micractinium*

4. 植物体单细胞 ⋯⋯⋯⋯⋯⋯⋯⋯⋯⋯⋯⋯⋯⋯⋯多芒藻属 *Golenkinia*

辽河流域常见属（种）

14. 微芒藻属 *Micractinium*

植物体由 4 个、8 个、16 个、32 个或更多的细胞组成，排成四方形、角锥形或球形，细胞有规律地互相聚集，无胶被，有时形成复合群体；细胞多为球形或略扁平，细胞外侧的细胞壁具 1 ～ 10 条长粗刺，色素体 1 个，周生，杯状，具 1 个蛋白核或无。

无性生殖产生似亲孢子，每个母细胞产生 4 个或 8 个似亲孢子；有些种类报道有性生殖为卵式生殖。多分布在湖泊、水库、池塘等各种静水水体中。

（18）微芒藻 *Micractinium pusillum*

群体常由 4 个、8 个、16 个或 32 个细胞组成，有时可多达 128 个细胞，多数每 4 个成为 1 组，排成四方形或角锥形，有时每 8 个细胞为一组，排成球形；细胞球形，细胞外侧具 2 ～ 5 条长粗刺，罕为 1 条，色素体杯状，一个，具一个蛋白核。细胞直径 3 ～ 7μm，刺长 20 ～ 35μm，刺的基部宽约 1μm。

生境：常见于肥沃的小型水体和浅水湖泊中。鉴定标本采自汤河水库。

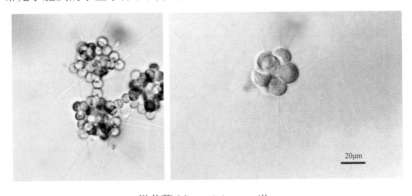

微芒藻 *Micractinium pusillum*

15. 多芒藻属 *Golenkina*

细胞常单独生活，有时聚积成群，浮游。细胞球形，壁薄，有时具胶被，壁四周具多数纤细的短刺，刺的基部与尖端等粗，刺排列规则；色素体杯状，具 1 个淀粉核。生长于富营养的浅水湖或池塘中，可作为生产蛋白质的培养对象。

（19）多芒藻 *Golenkinia paucispina*

单细胞，有时聚集成群；细胞球形，细胞壁表面具许多纤细长刺，色素体 1 个，充满整个细胞，蛋白核 1 个。细胞直径 7 ～ 18μm，刺长 20 ～ 45μm。

生境：生长在各种富营养的小水体中。鉴定标本采自西硷底下断面。

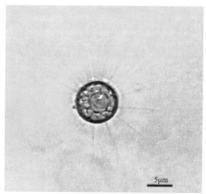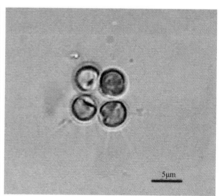

多芒藻 *Golenkinia paucispina*

小桩藻科分属检索表
1. 细胞有明显分化的两极，附生···2
1. 细胞不具分化的两极，漂浮·····························弓形藻属 *Schroederia*
2. 细胞柄端以圆盘固着·······································小桩藻属 *Characium*
2. 细胞柄端分化成匙状·······································锚藻属 *Ankyra*

辽河流域常见属（种）

16. 弓形藻属 *Schroederia*

植物体为单细胞，纺锤形，直或弯，两端细胞壁延伸成长刺，刺末端尖或仅一端尖，另一端为圆盘状、圆球状和双叉状，色素体 1 个，片状周生，一个蛋白核（或 2～3 个蛋白核）。

（20）拟菱形弓形藻 *Schroederia nitzschioides*

单细胞，长纺锤形，两端逐渐尖细，并延伸成细长的刺，两刺的末端常向相反方向微弯曲；色素体片状，1 个，有或无蛋白核。细胞长（包括刺）100～130 μm，宽 3.5～13 μm，刺长20～35 μm。无性生殖由细胞横向分裂产生动孢子。

生境：湖泊、水库、池塘。鉴定标本采自福德店断面。

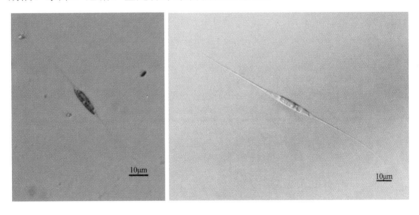

拟菱形弓形藻 *Schroederia nitzschioides*

（21）螺旋弓形藻 *Schroederia spiralis*

单细胞，弧曲形，两端渐细并延伸为无色细长的刺，细胞包括刺弯曲为螺旋状；色素体片状，1 个，常充满整个细胞，具一个蛋白核。细胞长（包括刺）30～90μm，宽 3～7μm，刺长 8～16μm。

生境：湖泊、水库、池塘。鉴定标本采自福德店断面。

（22）弓形藻 *Schroederia setigera*

单细胞，长纺锤形，直或略弯曲，细胞两端延伸为无色的细长直刺，末端尖细；色素体片状，1 个，具 1 个蛋白核，罕为 2 个。细胞长（含刺）56～85 μm，宽 3～8 μm，刺长13～27 μm。

生境：为浮游种类，喜生活在湖泊、水库及池塘等静水水体中。鉴定标本采自旧门桥断面。

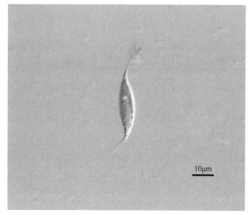

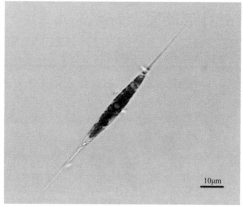

螺旋弓形藻 *Schroederia spiralis*　　　　　　弓形藻 *Schroederia setigera*

辽河流域常见属（种）

17. 小球藻属 *Chlorella*

单细胞,球形至椭圆形,色素体一个,杯状或为一弯带,紧贴细胞壁。一个蛋白核或无。产于淡、咸水中。淡水种常生长在较肥沃的小水体中，潮湿土壤、岩石、树干上也能发现。

（23）小球藻 *Chlorella vulgaris*

单细胞或有时数个细胞聚集在一起；细胞球形，细胞壁薄，色素体杯状，1个，占细胞的一半或稍多，具1个蛋白核，有时不明显。细胞直径5～10μm。无性生殖产生2个、4个、8个似亲孢子。

生境：生长在池塘、湖泊的浅水港湾中。辽河流域广泛分布。鉴定标本采自大三家子断面。

71

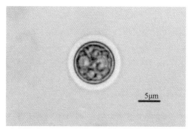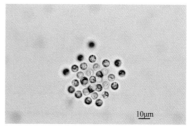

小球藻 *Chlorella vulgaris*

18. 顶棘藻属 *Chodatella*

单细胞，浮游。细胞椭圆形、卵形、柱状长圆形或扁球形。细胞两端或两端和中部具对称排列的长刺。色素体片状或盘状，1～4个，各具1个蛋白核或无。

（24）四刺顶棘藻 *Chodatella quadriseta*

单细胞，卵圆形、柱状长圆形，细胞两端各具2条从左右两侧斜向伸出的长刺，色素体周生、片状，2个，无蛋白核。细胞长6～10μm，宽4～6μm，刺长15～20μm。无性生殖产生2个、4个或8个似亲孢子。

生境：常见于有机质丰富的池塘中。鉴定标本采自玉清屯断面。

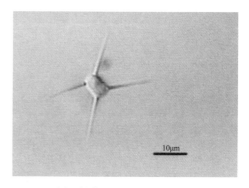

四刺顶棘藻 *Chodatella quadriseta*

19. 四角藻属 *Tetraedron*

单细胞具3、4或5个角，角分叉或不分叉，延长成突起或否，角顶突起者常成刺，色素体单1或数个，盘状、片状，各具1个蛋白核或无。常见于各种静水水体中，以小水洼、池塘及湖泊浅水港湾中较多。为乙型中污水生物带的指示种。

（25）微小四角藻 *Tetraedron minimum*

单细胞，扁平，正面观四方形，侧缘凹入，有时一对缘边比另一对的更内凹，角圆形，角顶罕具一小突起，侧面观椭圆形，细胞壁平滑或具颗粒，色素体片状，1个，具1个蛋白核。细胞宽6～20μm，厚

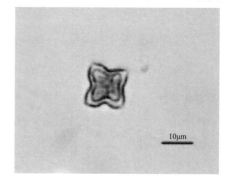

微小四角藻 *Tetraedron minimum*

3 ～ 7μm。无性生殖产生 4 个、8 个或 16 个似亲孢子。

　　生境：生长在池塘、湖泊、水库中。辽河流域广泛分布。鉴定标本采自耿家桥断面。

（26）整齐四角藻扭曲变种 *Tetraedron regulare* var. *torsum*

　　此变种与原变种的不同之处在于细胞四角形，
侧缘明显凹入，四个角中的 2 个角扭曲达 90°，
角顶具 1 条粗长刺，顶面观呈近十字形。细胞长
12 ～ 14μμm，宽 8 ～ 19μμm；刺长 8 ～ 10μμm。

　　生境：生长在池塘、湖泊、水库中。鉴定标
本采自富民断面。

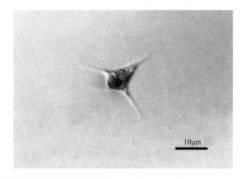

整齐四角藻扭曲变种 *Tetraedron regulare* var. *torsum*

20. 蹄形藻属 *Kirchneriella*

　　群体，常 4 个或 8 个细胞为一组，并被群体胶被包围，浮游。细胞基本上是蹄形，也有新月形、
镰形或柱形，两端尖细或钝圆。色素体片状，几乎充满整个细胞，无蛋白核，细胞核位于细胞
凸起部分。为乙型中污水生物带的指示种。

（27）肥壮蹄形藻 *Kirchneriella obese*

　　群体由 4 个或 8 个细胞为一组不规则地排列在球形群体的胶被中，群体细胞多以外缘凸出
部分朝向共同的中心；细胞蹄形或近蹄形，肥壮，两端略细、钝圆，两侧中部近于平行，色素
体片状，1 个，充满整个细胞，具 1 个蛋白核。群体直径 30 ～ 80 μm，细胞长 6 ～ 12 μm，宽 3 ～ 8 μm。

　　生境：常见于湖泊、池塘中，数量常较少。辽河流域广泛分布。鉴定标本采自清辽断面。

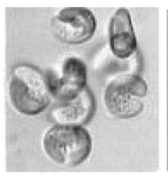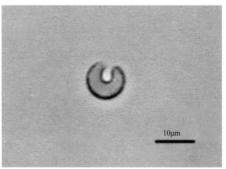

肥壮蹄形藻 *Kirchneriella obese*

21. 月牙藻属 *Selenastrum*

植物体为群体，常由 4 个、8 个或 16 个细胞为一群，数个群彼此连合成多达 100 个细胞以上的群体。群体无胶被。细胞为新月形或镰形，常以凸的一侧相靠排列。广泛分布于各种淡水水体中。

（28）纤细月牙藻 *Selenastrum gracile*

植物体每 4 个细胞以其背部凸出一侧相靠排列，常由 8 个、16 个、32 个或 64 个细胞聚集成群，细胞新月形、镰形、中部相当长的部分几乎等宽，较狭长，两端渐尖细同向弯曲；色素体片状，1 个，位于细胞中部，具一个蛋白核。细胞长 15 ～ 30 μm，宽 3 ～ 5 μm，两顶端直线距离 8 ～ 28 μm。

生境：池塘、湖泊、沼泽。鉴定标本采自清辽断面。

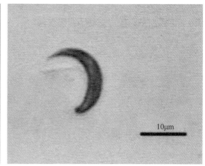

纤细月牙藻 *Selenastrum gracile*

22. 纤维藻属 *Ankistrodesmus*

单细胞或聚集成群，浮游，针形、纺锤形、弓形、镰形、螺旋形，两端渐尖细，长为宽之数倍。细胞壁薄，无胶被，色素体一个，片状，具 1 个淀粉核或无。在各种淡水较肥沃的小水体中广泛分布。

（29）镰形纤维藻 *Ankistrodesmus falcatus*

单细胞，或多由 4 个、8 个、16 个或更多个细胞聚集成群，常在细胞中部略凸出处相互贴靠，并以其长轴互相平行成为束状；细胞长纺锤形，有时略弯曲呈弓形或镰形，自中部向两端逐渐尖细，色素体片状，1 个，

镰形纤维藻 *Ankistrodesmus falcatus*

具 1 个蛋白核。细胞长 20 ～ 80 μm，宽 1.5 ～ 4 μm。

生境：该种为此属中极常见的种类，喜浮游生活于水坑、池塘、湖泊、水库中。鉴定标本采自莫利水库。

（30）镰形纤维藻奇异变种 *Ankistrodesmus falcatus* var. *mirabilis*

常为单细胞，极细长，长度较原变种更长，呈各种各样的弯曲，常为 S 形或月形，末端极尖锐，色素体片状，1 个，在中部常为大型空泡所断裂，无蛋白核，细胞两端空泡中常具 1 个运动小粒。细胞长 48 ～ 150 μm，宽 2 ～ 3.5 μm。

生境：水坑、池塘、湖泊、水库。鉴定标本采自莫利水库。

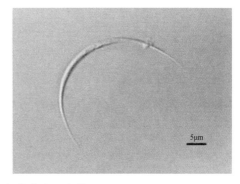

镰形纤维藻奇异变种 *Ankistrodesmus falcatus* var. *mirabilis*

（31）狭形纤维藻 *Ankistrodesmus angustus*

单细胞，或数个细胞稀疏地聚集成群；细胞螺旋状盘曲，多为 1 ～ 2 次旋转，自中部向两端逐渐狭窄，两端极尖锐，色素体片状，1 个，除在细胞中央凹入处具一曲口外，几乎充满细胞内壁，无蛋白核。细胞长 24 ～ 60 μm，宽 1.5 ～ 3 μm。

生境：淡水水体中广泛分布。鉴定标本采自腰寨子断面。

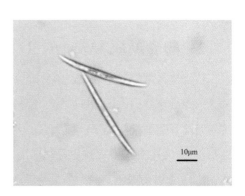

狭形纤维藻 *Ankistrodesmus angustus*

（32）针形纤维藻 *Ankistrodesmus acicularis*

单细胞，针形，直或仅一端微弯或两端微弯，从中部到两端渐尖细，末端尖锐；色素体充满整个细胞，细胞长 40 ～ 80 μm，有时能达到 210 μm，细胞宽 2.5 ～ 3.5 μm。

生境：多生长于池塘及浅水湖泊、水库中，辽河流域广泛分布。鉴定标本采自七台子断面。

针形纤维藻 *Ankistrodesmus acicularis*

卵囊藻科分属检索表

1. 单细胞··2
1. 群体··3
  2. 细胞具胶鞘，胶鞘形成明显的、末端呈钩状的刺状突起··········棘鞘藻属 *Echinocoleum*
  2. 细胞不具胶鞘···卵囊藻属 *Oocystis*
3. 细胞包被在不胶化的母细胞内，细胞间胶被常呈黑色··········胶带藻属 *Gloeotaenium*
3. 细胞包被在胶化的母细胞或胶质内，细胞间胶被不为黑色····································4
  4. 细胞壁通常扩大并胶化，最后常消失··5
  4. 细胞壁产生极厚的胶质层，不分层或分层··9
5. 群体细胞排列规则···6
5. 群体细胞排列不规则···8
  6. 细胞肾形、新月形或长椭圆形，常呈螺旋状排列··········肾形藻属 *Nephrocytium*
  6. 细胞其他形状，常 2 个或 4 个细胞为一组···7
7. 细胞广椭圆形或圆柱形，其长轴与群体长轴平行排列··········并联藻属 *Quadrigula*
7. 细胞卵形、楔形或锥形，2 个或 4 个细胞为一组呈辐射状排列·······胶星藻属 *Gloeoactinium*
  8. 群体细胞球形··浮球藻属 *Planktosphaeria*
  8. 群体细胞椭圆形、卵形、纺锤形、长圆形、柱状长圆形··········卵囊藻属 *Oocystis*
9. 群体球形或无定形，个体胶被明显分层··························胶囊藻属 *Gloeocystis*
9. 群体球形，个体胶被不分层··球囊藻属 *Sphaerocystis*

辽河流域常见属（种）

23. **卵囊藻属** *Oocystis*

植物体为单细胞或群体，群体通常由 2 个、4 个、8 个或 16 个细胞组成，包被在部分胶化膨大的母细胞壁中；细胞椭圆形、卵形、纺锤形、长圆形、柱状长圆形等，细胞壁平滑，或在细胞两端具短圆锥状增厚，细胞壁扩大和胶化时，圆锥状增厚不胶化，色素体周生，片状、多角形块状、不规则盘状，1 个或多个，每个色素体具 1 个蛋白核或无。无性生殖产生 2 个、4 个、8 个或 16 个似亲孢子。绝大多数是浮游种类，生长于各种淡水水体中，在有机质较多的小水体和浅水湖库中常见。

（33）**波吉卵囊藻** *Oocystis borgei*

群体椭圆形,由2个、4个或8个包被在部分胶化膨大的母细胞壁内的细胞组成,或为单细胞,浮游;细胞椭圆形或略呈卵形,两端广圆,色素体片状,幼时常为1个,成熟后具2～4个,各具1个蛋白核。细胞长10～30μm,宽9～15μm。

生境:生长在有机质丰富的小水体和浅水湖泊中。鉴定标本采自下达河桥断面。

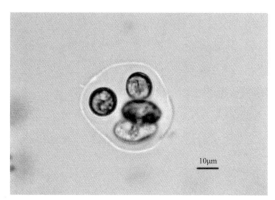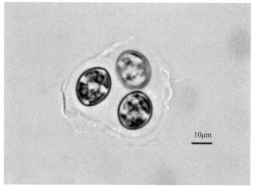

波吉卵囊藻 *Oocystis borgei*

24. 球囊藻属 *Sphaerocystis*

植物体为球形的胶群体,由2个、4个、8个、16个或32个细胞组成,各细胞以等距离规律地排列在群体胶被的四周,漂浮;群体细胞球形,细胞壁明显,色素体周生、杯状,在老细胞中则充满整个细胞,具1个蛋白核。无性生殖产生动孢子和似亲孢子,常有部分的细胞分裂产生4个或8个子细胞,在母群体中具有自己的胶被,形成子群体。为生长在各种淡水水体中的真性浮游性种类。

（34）**球囊藻** *Sphaerocystis schroeteri*

群体球形,由2个、4个、8个、16个或32个细胞组成的胶群体,胶被无色、透明,或由于铁的沉淀而呈黄褐色,漂浮;群体细胞球形,色素体周生、杯状,具1个蛋白核。群体直径34～500μm,细胞直径6～22μm。

生境:生长在水坑、稻田、池塘、湖泊中,辽河流域广泛分布。鉴定标本采自汤河水库。

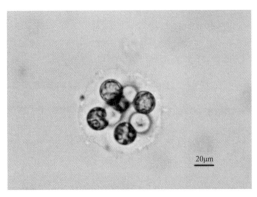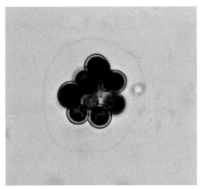

球囊藻 *Sphaerocystis schroeteri*

网球藻科分属检索表

1. 群体细胞间以胶质丝、胶质柄或胶质膜互相连接·····························2

1. 群体细胞间以胶质互相连接·····························4

  2. 每个原始定形群体的细胞形状相同·····························3

  2. 每个原始定形群体的细胞有2种形状·····························似双形藻属 *Dimorphococcopsis*

3. 群体细胞间以其二分叉或四分叉胶质丝或胶质膜互相连接·····························网球藻属 *Dictyosphaerium*

3. 群体细胞以其顶端或中间的胶质丝互相以十字形排列连接·····························四粒藻属 *Quadricoccus*

  4. 群体细胞在群体中心紧密地略呈纵斜向交错排列连接·····························四球藻属 *Tetrachlorella*

  4. 群体细胞以其一端彼此连接或以其一端在群体中心连接呈放射状排列连接···四月藻属 *Tetrallantos*

辽河流域常见属（种）

25. 网球藻属 *Dictyosphaerium*

    植物体为原始定形群体，由2个、4个、8个细胞组成，常为4个，有时2个为一组，彼此分离的、以母细胞壁分裂所形成的二分叉或四分叉胶质丝或胶质膜相连接，包被在透明的群体胶被内，浮游；细胞球形、卵形、椭圆形或肾形，色素体周生、杯状，1个，具1个蛋白核。无性生殖产生似亲孢子，一个定形群体的各个细胞常同时产生孢子，再连接于各自的母细胞壁裂片顶端，成为复合的原始定形群体。生长在各种静水水体中。

（35）**美丽网球藻** *Dictyosphaerium pulchellum*

原始定形群体球形或广椭圆形，多为 8 个、16 个或 32 个细胞包被在共同的透明胶被中；细胞球形，色素体杯状，1 个，具一个蛋白核。细胞直径 3 ～ 10μm。

生境：生长在湖泊、池塘、沼泽中。辽河流域广泛分布。鉴定标本采自汤河水库。

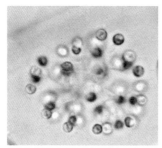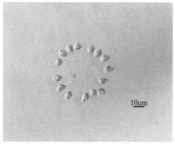

美丽网球藻 *Dictyosphaerium pulchellum*

盘星藻科分属检索表
真性定形群体由 2 个细胞组成……………………………………拟凹顶藻属 *Euastropsis*
真性定形群体由 4 个、8 个、16 个或多达 128 个细胞组成……………盘星藻属 *Pediastrum*

辽河流域常见属（种）

26. 盘星藻属 *Pediastrum*

植物体盘状、星状，由 4 ～ 128 个细胞排列成为一层细胞厚的定形群体，群体完整或具穿孔，边缘细胞常具 1、2 或 4 个突起，有时突起上具长的胶质毛丛，群体内部细胞多角形，无突起。细胞壁平滑无花纹；或具颗粒或细网纹。幼时有一个盘状色素体及一蛋白核，老时色素体弥散。成熟细胞有 1 ～ 8 个细胞核。

（36）**盘星藻** *Pediastrum biradiatum*

真性定形群体，由 4 个、8 个、16 个、32 个或 64 个细胞组成，群体具穿孔；群体边缘细胞外壁具 2 个裂片状的突起，其末端具缺刻，以细胞基部与邻近细胞连接，群体内层细胞具 2 个裂片状的突起，其末端不具缺刻，细胞壁平滑、凹入。细胞长 15 ～ 30μm，宽 12 ～ 22μm。

生境：常见于湖泊、水库、池塘中，辽河流域广泛分布。鉴定标本采自七台子断面。

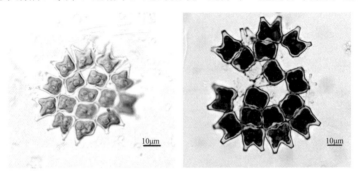

盘星藻 *Pediastrum biradiatum*

（37）**短棘盘星藻** *Pediastrum boryanum*

真性定形群体，由 4 个、8 个、16 个细胞组成，群体细胞间无穿孔，或仅在群体中心具很小间隙；群体细胞四边形或五边形，缘边细胞外壁具 3 个或 4 个短的尖突起，不在一个平面上，以细胞侧壁和基部与邻近细胞连接，细胞壁平滑。群体直径 18 ～ 38 μm，细胞长 9 ～ 13 μm，宽 9 ～ 13μm。

生境：湖泊、池塘中的浮游种类。辽河流域广泛分布。鉴定标本采自尖山子断面。

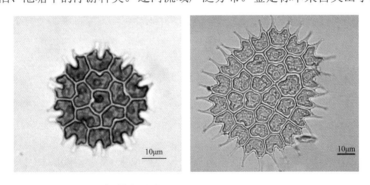

短棘盘星藻 *Pediastrum boryanum*

（38）**单角盘星藻** *Pediastrum simplex*

真性定形群体，由 16 个、32 个或 64 个细胞组成，群体细胞间无穿孔；群体缘边细胞常为五边形，其外壁具一个圆锥形的角状突起，突起两侧凹入，群体内层细胞五边形或六边形，细胞壁常具颗粒。细胞（不包括角状突起）长 12 ～ 18μm，宽 12 ～ 18μm。

生境：湖泊、水库、池塘。鉴定标本采自台沟断面。

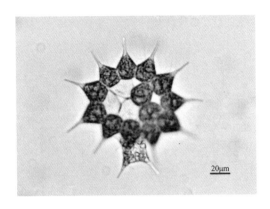

单角盘星藻 *Pediastrum simplex*

（39）单角盘星藻具孔变种 *Pediastrum simplex* var. *duodenarium*

真性定形群体，由 16 个、32 个或 64 个细胞组成，群体缘边细胞常为五边形，其外壁具一个圆锥形的角状突起，突起两侧凹入。此变种与原变种的不同为真性定形群体细胞间具穿孔；群体缘边细胞内的细胞三角形，细胞壁常具颗粒。细胞长 27 ～ 28 μm，宽 11 ～ 15 μm。

生境：湖泊、水库、池塘。鉴定标本采自汤河水库。

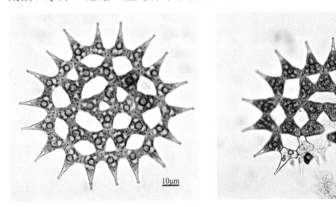

单角盘星藻具孔变种 *Pediastrum simplex* var. *duodenarium*

（40）二角盘星藻纤细变种 *Pediastrum duplex* var. *gracillimum*

真性定形群体，由 8 个、16 个、32 个、64 个、128 个细胞（常为 16 个、32 个细胞）组成，群体细胞间具大的穿孔，细胞狭长；群体缘边细胞四边形，具 2 个长突起，其宽度相等，群体内层细胞与缘边细胞相似，侧壁中部略凹入，邻近细胞间细胞侧壁的中部彼此不相连接，细胞壁平滑。细胞长 12 ～ 32 μm，宽 10 ～ 22 μm。

生境：湖泊、水库、池塘。辽河流域广泛分布。鉴定标本采自胜利塘断面。

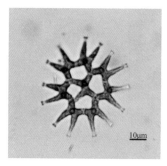 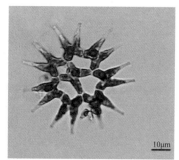

二角盘星藻纤细变种 *Pediastrum duplex* var. *gracillimum*

（41）四角盘星藻 *Pediastrum tetras*

真性定形群体，由4个、8个、16个或32个（常为8个）细胞组成，群体细胞间无穿孔；群体缘边细胞的外壁具一线形到楔形的深缺刻而分成2个裂片，裂片外侧浅或深凹入，群体内层细胞五边形或六边形，具一深的线形缺刻，细胞壁平滑。细胞长8～16μm，宽8～16μm。

生境：湖泊、水库、池塘。鉴定标本采自阿及堡断面。

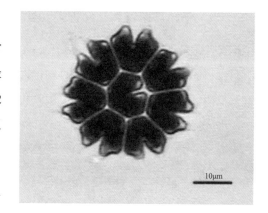

四角盘星藻 *Pediastrum tetras*

（42）整齐盘星藻 *Pediastrum integrum*

真性定形群体，由4个、8个、16个、32个或64个细胞组成，群体细胞间无穿孔；细胞常为五边形，群体缘边细胞外壁平整或具2个退化的短突起，2个短突起间的细胞壁略凹入，细胞壁常具颗粒。细胞长15～22μm，宽16～25μm。

生境：湖泊、水库、池塘。鉴定标本采自老官砣子断面。

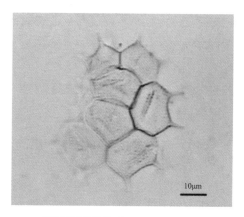

整齐盘星藻 *Pediastrum integrum*

栅藻科分属检索表

1. 群体细胞排列在同一平面上 ·· 2
1. 群体细胞排列不在同一平面上 ·· 7
　2. 群体由 2 个、4 个、8 个细胞组成，以细胞长轴互相平行排列成一列，有时排列成上下 2 列
　　或多列 ·· 3
　2. 群体由 4 个细胞组成，排成方形或长方形 ·· 5
3. 群体细胞新月形、纺锤形、卵形、长圆形 ·· 4
3. 群体细胞球形 ··· 拟韦斯藻属 *Westellopsis*
　4. 群体细胞具 1 个蛋白核 ··· 栅藻属 *Scenedesmus*
　4. 群体细胞具 2 个蛋白核 ··· 双月藻属 *Dicloster*
5. 群体细胞球形到近球形 ··· 韦斯藻属 *Westella*
5. 群体细胞三角形、梯形或半长圆形 ·· 6
　6. 群体细胞外侧具颗粒或 1 ～ 7 条刺 ··· 四星藻属 *Tetrastrum*
　6. 群体细胞外侧不具颗粒或刺 ··· 十字藻属 *Crucigenia*
7. 群体中间的 2 个细胞与两侧的 2 个细胞形态不同 ················ 双形藻属 *Dimorphococcus*
7. 群体细胞的形态相同 ··· 8
　8. 群体细胞排列呈放射状、四方状 ·· 9
　8. 群体细胞排列成中空多角形的球或立方体形 ··· 10
9. 群体细胞的每 2 个细胞以其纵轴互相垂直、平行排列，顶面观四角形 ··· 四链藻属 *Tetradesmus*
9. 群体细胞的一端聚集在群体的中心，另一端向四周放射状排列 ········ 集星藻属 *Actinastrum*
　10. 群体由细胞或长或短的凸起彼此相连形成中空的多角形的球体 ······· 空星藻属 *Coelastrum*
　10. 群体由胶质束或细胞每个角的突起彼此相连形成角锥形或立方体形 ··· 胶网藻属 *Pectodictyon*

辽河流域常见属（种）

27. 栅藻属 *Scenedesmus*

　　藻体由 4 ～ 8 个细胞，有时为 2 个，16 ～ 32 个细胞组成真性定形群体，极少为单细胞，人工培养时常分离为单细胞。群体各个细胞以其长轴互相平行，排列在一个平面上，互相平齐或互相交错，有时排成上下两列或多列。细胞纺锤形、卵形、长圆形等。细胞壁平滑或具颗粒、

刺、齿状突起，细齿、隆起线等特殊构造，每个细胞具 1 个周生色素体和 1 个蛋白核。分布于各种静水水体中。多数种类为乙型中污水生物带的指示种。

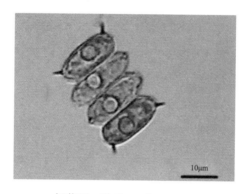

栅藻属一种 *Scenedesmus* sp.

（43）**尖细栅藻** *Scenedesmus acuminatus*

真性定形群体由 4 个或 8 个细胞组成，群体细胞不排列成一直线，以中部侧壁互相连接；细胞弓形、纺锤形或新月形，每个细胞的上下两端逐渐尖细，细胞壁平滑。4 个细胞群体宽 7 ～ 14 μm，细胞长 19 ～ 40 μm，宽 3 ～ 7 μm。

生境：生长在各种小水体中，辽河流域广泛分布。鉴定标本采自二道河桥断面。

（44）**爪哇栅藻** *Scenedesmus javaensis*

真性定形群体为屈曲状，由 2 个、4 个或 8 个细胞组成，群体细胞以其尖细的顶端与临近细胞中部的侧壁连接，形成曲尺状；群体两侧部分的细胞为镰形，中间的细胞纺锤形或新月形，上下两端逐渐尖细，细胞壁平滑。4 个细胞的群体宽 30 ～ 40μm，细胞长 12.5 ～ 22μm，宽 3 ～ 5μm。

生境：生长在各种静水小水体中。辽河流域广泛分布。鉴定标本采自旧门桥断面。

尖细栅藻 *Scenedesmus acuminatus*

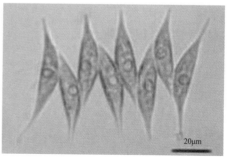

爪哇栅藻 *Scenedesmus javaensis*

（45）四尾栅藻 *Scenedesmus quadricauda*

　　真性定形群体扁平，由 2 个、4 个、8 个或 16 个细胞组成，常为 4 个、8 个细胞组成的，群体细胞并列直线排成一列；细胞长圆形、圆柱形、卵形，细胞上下两端广圆，群体外侧细胞的上下两端各具一向外斜向的直或略弯曲的刺，细胞壁平滑。4 个细胞的群体宽 14 ～ 24 μm，细胞长 8 ～ 16 μm，宽 3.5 ～ 6 μm。

　　生境：广泛分布在各种淡水水体中。鉴定标本采自汤河水库和团结水库。

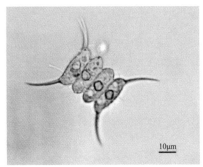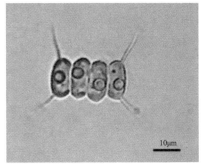

四尾栅藻 *Scenedesmus quadricauda*

（46）斜生栅藻 *Scenedesmus obliquus*

　　真性定形群体扁平，由 2 个、4 个或 8 个细胞组成，常为 4 个细胞组成的，群体细胞并列直线排成一列或略交互排列；细胞纺锤形，上下两端逐渐尖细，群体两侧细胞的游离面有时凹入，有时凸出，细胞壁平滑。4 个细胞的群体宽 12 ～ 34μm，细胞长 10 ～ 21μm，宽 3 ～ 9μm。细胞内含丰富的蛋白质，大量培养可作为蛋白质的来源。

　　生境：生长在各种静水小水体中。鉴定标本采自汤河水库出库口。

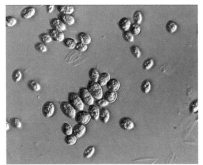

斜生栅藻 *Scenedesmus obliquus*

（47）齿牙栅藻 *Scenedesmus denticulatus*

真性定形群体扁平，常由 4 个细胞组成，群体细胞直线排成一行，平齐或互相交错排列；细胞卵形、椭圆形，群体细胞的上下两端或一端具 1 ～ 2 个齿状凸起。4 个细胞的群体宽 20 ～ 28 μm，细胞长 9.5 ～ 16μm，宽 5 ～ 7 μm。

生境：生长在各种静水小水体中。鉴定标本采自阿及堡断面。

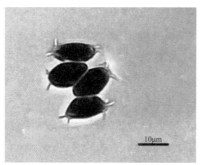 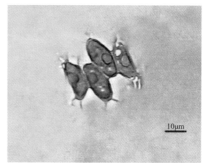

齿牙栅藻 *Scenedesmus denticulatus*

（48）二形栅藻 *Scenedesmus dimorphus*

真性定形群体扁平，由 4 个或 8 个细胞组成，常为 4 个细胞组成的，群体细胞直线并列排成一行或互相交错排列；中间的细胞纺锤形，上下两端渐尖，直，两侧细胞绝少垂直，新月形或镰形，上下两端渐尖，细胞壁平滑。4 个细胞的群体宽 11 ～ 20 μm，细胞长 16 ～ 23 μm，宽 3 ～ 5 μm。

生境：生长在各种静水小水体中，多与其他种类的栅藻混生。鉴定标本采自邵家河桥断面。

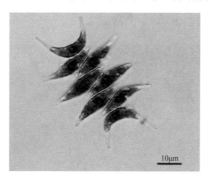 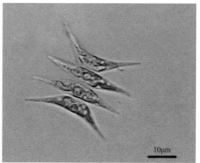

二形栅藻 *Scenedesmus dimorphus*

（49）被甲栅藻 *Scenedesmus armatus*

真性定形群体由 2 个、4 个或 8 个细胞组成，群体细胞直线排成一行，平齐或略交错；细胞卵形或长椭圆形，群体两侧细胞的上下两端各具 1 长刺，群体细胞游离面的中央线上各有一条隆起线，此隆起线的中段常常模糊不清或中断。4 个细胞的群体宽 16～25μm，细胞长 7～16μm，宽 6～8μm，刺长 7～15μm。

生境：生长在各种小水体中。国内外广泛分布。鉴定标本采自福德店断面。

（50）被甲栅藻博格变种双尾变型 *Scenedesmus armatus* var. *boglariensis* f. *bicaudatus*

此变形与变种的不同为群体外侧细胞仅在相反方向的顶端各具 1 刺，而群体外侧细胞另一顶端与群体另一外侧细胞相反的位置的一顶端均无刺。4 个细胞的群体宽 12～22.5 μm，细胞长 8～17 μm，宽 3～6 μm。

生境：生长在各种小水体中。辽河流域广泛分布。鉴定标本采自福德店断面。

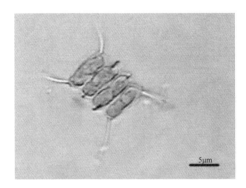

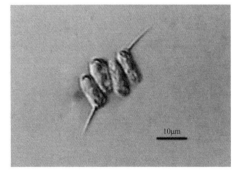

被甲栅藻 *Scenedesmus armatus*

被甲栅藻博格变种双尾变型

Scenedesmus armatus var. *boglariensis* f. *bicaudatus*

（51）弯曲栅藻 *Scenedesmus arcuatus*

真性定形群体由 4 个、8 个或 16 个细胞组成，常为 8 个细胞组成的，群体细胞通常略斜向排成上下两列，有时略有重叠，上下两列细胞是交互排列；细胞卵形或长圆形，细胞壁平滑。8 个细胞的群体高 18～40μm，宽 14～25μm，细胞长 9～17μm，宽 4～9.5μm。

生境：生长在各种小水体中。鉴定标本采自团结水库。

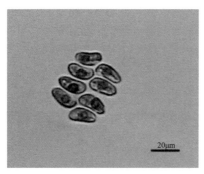 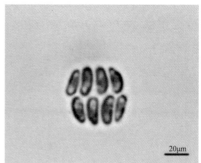

弯曲栅藻 *Scenedesmus arcuatus*

（52）双对栅藻 *Scenedesmus bijuga*

真性定形群体扁平，由2个、4个或8个细胞组成，群体细胞直线排列成一行，平齐或偶尔也有交错排列的；细胞卵形或长椭圆形，两端宽圆，细胞壁平滑。4个细胞的群体宽 16～25μm，细胞长 7～18μm，宽 4～6μm。

生境：生长在各种静水水体中。鉴定标本采自汤河水库。

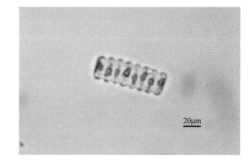

双对栅藻 *Scenedesmus bijuga*

（53）奥波莱栅藻 *Scenedesmus opoliensis*

真性定形群体由2个、4个、8个细胞组成，常为4个细胞组成的，群体细胞直线排成一列，平齐，各细胞以侧壁全长的2/3相连；细胞长椭圆形，外侧细胞上下两端各具1长刺，中间细胞一端或两端具一短刺。4个细胞的群体宽 12～24μm，细胞长 8～16μm，宽 3～6μm。

生境：生长在各种小水体中。鉴定标本采自小浑河闸断面。

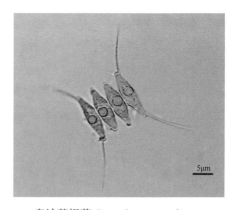

奥波莱栅藻 *Scenedesmus opoliensis*

（54）**丰富栅藻不对称变种** *Scenedesmus abundans* var. *asymmetrica*

真性定形群体常由 4 个细胞组成，群体细胞并列直线排成一列。细胞卵形到长卵形，两端钝圆，每个群体细胞中部各具 1 条垂直于侧壁的短刺。4 个细胞的群体宽 8～20 μm，细胞长 5～15.5 μm，宽 2～5 μm。

生境：生长在各种静水水体中，辽河流域广泛分布。鉴定标本采自下八会镇断面。

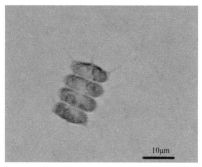 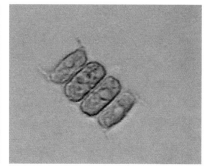

丰富栅藻不对称变种 *Scenedesmus abundans* var. *asymmetrica*

（55）**多棘栅藻** *Scenedesmus spinosus*

真性定形群体常由 4 个细胞组成，群体细胞并列直线排成一列，罕见交错排列的。细胞长椭圆形或椭圆形，群体外侧细胞上下两端各具一向外斜向的直或略弯曲的刺，其外侧壁中部常具 1～3 条较短的刺，两中间细胞上下两端无刺或具很短的棘刺。4 个细胞的群体宽 14～24 μm，细胞长 8～16 μm，宽 3.5～6 μm。

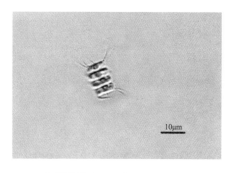

多棘栅藻 *Scenedesmus spinosus*

生境：生长在各种小水体中。鉴定标本采自八棵树断面。

28. 四星藻属 *Tetrastrum*

植物体为真性定形群体，由 4 个细胞组成四方形或十字形，并排列在一个平面上，中心具或不具 1 小间隙，各个细胞间以其细胞壁紧密相连，罕见形成复合的真性定形群体；细胞球形、卵形、三角形或近三角锥形，其外侧游离面凸出或略凹入，细胞壁具颗粒或具 1～7 条或长或短的刺，色素体周生，片状、盘状，1～4 个，具蛋白核或有时无。无性生殖产生似亲孢子，每个母细胞的原生质体十字形分裂形成 4 个似亲孢子，孢子在母细胞内排成四方形、十字形，经母细胞壁破裂释放。生长在湖泊、水库、池塘中，浮游生活。

（56）异刺四星藻 *Tetrastrum heterocanthum*

真性定形群体，由 4 个细胞组成，呈方形排列在一个平面上，群体中央具方形小孔；群体细胞宽三角锥形，细胞外侧游离面略凹入，在其两角处各具 1 条长的和 1 条短的向外伸出的直刺，群体 4 个细胞的 4 条长刺和 4 条短刺相间排列，色素体片状，1 个，具 1 个蛋白核。细胞长 3～4 μm，宽 7～8 μm，长刺长 12～16 μm，短刺长 3～8 μm。

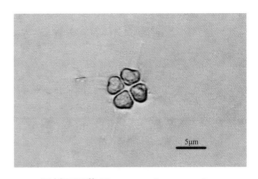

异刺四星藻 *Tetrastrum heterocanthum*

生境：生长在小水体中，浮游生活。辽河流域广泛分布。鉴定标本采自七台子断面。

（57）短刺四星藻 *Tetrastrum staurogeniaeforme*

真性定形群体，由 4 个细胞组成，呈十字形排列在一个平面上，群体中央的间隙很小；群体细胞近方形到宽三角锥形，外侧游离面略凸出，并具 4～6 条短刺，色素体盘状，每个细胞 1～4 个，有时具蛋白核。细胞长 3～6μm，宽 3～6μm，刺长 3～6μm。

生境：生长在小水体中，浮游生活。辽河流域广泛分布。鉴定标本采自七台子断面。

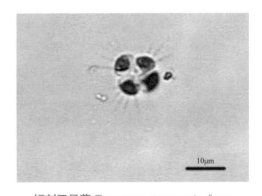

短刺四星藻 *Tetrastrum staurogeniaeforme*

29. 十字藻属 *Crucigenia*

定形群体由 4 个细胞呈十字形排列；群体中央常见或大或小的方形的空隙。群体常具不明显的胶被，子群体常为胶被粘连在一个平面上，形成板状的复合真性定形群体。细胞三角形、梯形、半圆形或椭圆形。细胞具 1 个周生、片状的色素体，具 1 个蛋白核。为乙型中污水生物带的指示种。

（58）四角十字藻 *Crucigenia quadrata*

真性定形群体，由 4 个细胞组成，十字形排成圆形、板状，群体中心的细胞空隙很小；细胞三角形，细胞外壁游离面显著凸出，色素体多达 4 个，盘状，

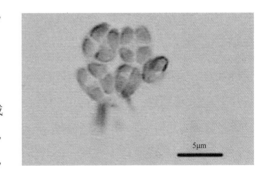

四角十字藻 *Crucigenia quadrata*

有或无蛋白核。细胞长 2 ～ 6 μm，宽 1.5 ～ 6 μm。

生境：广泛生长在湖泊、水库等静水水体中。鉴定标本采自后集体桥断面。

（59）顶锥十字藻 *Crucigenia apiculata*

真性定形群体，由 4 个细胞组成，排成椭圆形或卵形，其中心具方形的空隙；细胞卵形，外壁游离面的两端各具一锥形凸起。细胞长 5 ～ 10μm，宽 3 ～ 7μm。

生境：生长在湖泊、池塘、沟渠中。辽河流域广泛分布。鉴定标本采自观音阁水库坝下。

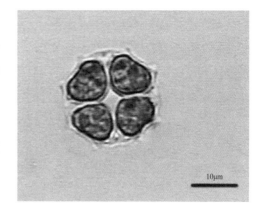

顶锥十字藻 *Crucigenia apiculata*

（60）四足十字藻 *Crucigenia tetrapedia*

真性定形群体，由 4 个细胞组成，排成四方形，子群体常为胶被粘连在一个平面上，形成 16 个细胞的板状复合群体。细胞三角形，细胞外壁游离面平直，角尖圆，色素体片状，具 1 个蛋白核。细胞长 3.5 ～ 9μm，宽 5 ～ 12μm。

生境：生长在湖泊、池塘、沟渠中。辽河流域广泛分布。鉴定标本采自团结水库。

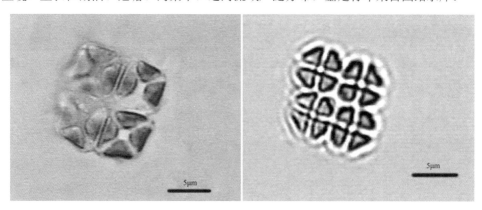

四足十字藻 *Crucigenia tetrapedia*

30. 集星藻属 *Actinastrum*

真性定形群体，由 4 个、8 个或 16 个细胞组成，无群体胶被，群体细胞以一端在群体中心彼此相连，以细胞长轴从群体中心向外放射状排列，浮游。细胞长纺锤形、长圆柱形、两端逐渐尖细或略狭窄，或一端平截另一端逐渐尖细或略狭窄，色素体周生，长片状，1 个，具 1 个蛋白核。无性生殖产生似亲孢子，每个母细胞的原生质体形成 4 个、8 个或 16 个似亲孢子，孢子在母细胞内纵向排成 2 束，释放后形成 2 个互相接触的呈辐射状排列的子群体。

（61）河生集星藻 *Actinastrum fluviatile*

真性定形群体，由 4 个、8 个或 16 个细胞组成，群体中的各个细胞的一端在群体中心彼此连接，以细胞长轴从群体共同的中心向外放射状辐射出排列。细胞长纺锤形，向两端逐渐狭窄，游离端尖；色素体 1 个，周生，长片状，具一个蛋白核。细胞长 12 ～ 22 μm，宽 3 ～ 6 μm。

生境：生长在湖泊、池塘中，浮游生活。国内外广泛分布。鉴定标本采自唐马寨断面。

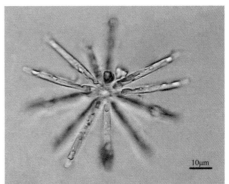

河生集星藻 *Actinastrum fluviatile*

31. 空星藻属 *Coelastrum*

植物体为真性定形群体，由 4 个、8 个、16 个、32 个、64 个或 128 个细胞组成多孔的、中空的球体到多角形体，群体细胞以细胞壁或细胞壁上的凸起彼此连接；细胞球形、圆锥形、近六角形、截顶的角锥形，细胞壁平滑、部分增厚或具管状凸起，色素体周生，幼时杯状，具 1 个蛋白核，成熟后扩散，几乎充满整个细胞。无性生殖产生似亲孢子，群体中的任何细胞均可以形成似亲孢子，在离开母细胞前连接成子群体；有时细胞的原生质体不经分裂发育成静孢子，释放前在母细胞壁内就形成似亲群体。喜生长在各种静水水体中。

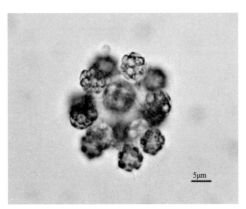

网状空星藻 *Coelastrum proboscideum*

（62）网状空星藻 *Coelastrum proboscideum*

真性定形群体，球形，由 8 个、16 个、32 个或 64 个细胞组成，相邻细胞间以 5 ～ 9 个细胞壁的长凸起互相连接，细胞间隙大，常为不规则的复合群体，细胞球形，具一层薄的胶鞘，并具6~9条细长的细胞壁凸起。细胞包括鞘直径5~24 μm，不包括鞘直径4~23 μm。

生境：湖泊、水库、池塘中的浮游种类。鉴定标本采自汤河水库。

（63）小空星藻 *Coelastrum microporum*

真性定形群体，球形到卵形，由8个、16个、32个或64个细胞组成，相邻细胞间以细胞基部互相连接，细胞间隙呈三角形和小于细胞直径；群体细胞球形，有时为卵形，细胞外具一层薄的胶鞘。细胞包括鞘宽10~18μm，不包括鞘宽8~13μm。

生境：湖泊、水库、池塘中的浮游种类。鉴定标本采自汤河水库。

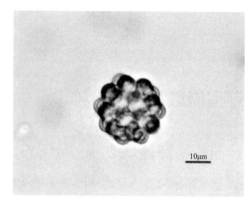

小空星藻 *Coelastrum microporum*

4.2.5 四胞藻目 Tetrasporales

植物体为胶群体，群体细胞无规则地分散在胶被内或仅排列在胶被的周边，少数为单细胞；细胞球形、椭圆形、卵形、圆柱形、三角形、多角形或纺锤形等，具细胞壁，大多数种类无鞭毛，少数种类具伪纤毛，位于细胞的前端，但不能运动，具伸缩泡，色素体轴生或周生，轴生的为星芒状，周生的为杯状、片状、盘状，1个或多个，色素体中具蛋白核，细胞核1个。

营养繁殖：细胞具生长性的细胞分裂。无性生殖形成动孢子、静孢子及厚壁孢子。有性生殖为同配生殖。

生长在水坑、池塘、湖泊、水库、沼泽、小溪、河流中，有的种类亚气生，存在于土壤、树皮及岩石表面。

四胞藻目分科检索表
1. 单细胞或假分枝状群体，细胞具胶柄，着生 ⋯⋯⋯⋯⋯⋯⋯⋯绿囊藻科 Chlorangiellaceae
1. 单细胞或群体，但群体不为假分枝状，细胞不具胶柄，浮游或着生 ⋯⋯⋯⋯⋯⋯2
2. 不定形或具一定形状群体，细胞具伪纤毛 ⋯⋯⋯⋯⋯⋯四胞藻科 Tetrasporaceae
2. 单细胞、不定形或具一定形状群体，细胞无伪纤毛 ⋯⋯⋯⋯⋯⋯⋯⋯⋯⋯3
3. 群体无定形或为球形、管状、泡状隆起，多层细胞厚 ⋯⋯⋯⋯⋯⋯⋯⋯⋯4
3. 群体呈扁平叶状或囊状，具穿孔，一层细胞厚 ⋯⋯⋯⋯网膜藻科 Tetrasporidiaceae

4. 群体细胞球形或卵圆形，色素体星状或杯状……………………四集藻科 Palmellaceae

4. 群体细胞椭圆形、纺锤形、卵形或圆柱形，色素体片状……………胶球藻科 Coccomyxaceae

胶球藻科分属检索表

群体胶被纺锤形或长椭圆形，细胞纺锤形……………………………纺锤藻属 Elakatothrix

群体胶被无定形，细胞椭圆形或圆柱形……………………………胶球藻属 Coccomyxa

辽河流域常见属（种）

32. 纺锤藻属 *Elakatothrix*

植物体由 2 个、4 个、8 个或更多细胞组成的胶群体，罕为单细胞，漂浮或幼时着生，长成后漂浮，群体胶被纺锤形或长椭圆形，无色，不分层；群体细胞纺锤形，其长轴多少与群体长轴平行，色素体 1 个，周生，片状，位于细胞的一边，具 1 个或 2 个蛋白核。营养繁殖为细胞进行横分裂，几次分裂的子细胞常存留在母细胞胶被中，形成多细胞的群体，或子细胞因母细胞胶被溶解而释放出来，分泌胶被形成新的群体。无性生殖产生厚壁孢子。多生长在池塘、湖泊及水库等净水水体中。

（64）纺锤藻 *Elakatothrix gelatinosa*

群体长纺锤形或两端钝圆的长椭圆形，常由 4 个、8 个或 16 个细胞组成；细胞纺锤形。群体长可达 150μm，宽 16 ～ 38μm；细胞长 15 ～ 28μm，宽 3 ～ 6μm。

生境：湖泊、池塘中的真性浮游种类。鉴定标本采自汤河水库。

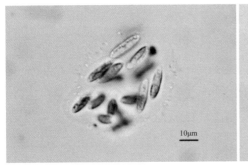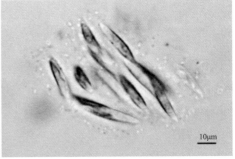

纺锤藻 *Elakatothrix gelatinosa*

4.2.6 鼓藻目 Desmidiales

主要特征是细胞壁的两半性，细胞大多是单一生活或无定形的聚集，只有在个别情况下它们排列为胶质群体或丝状群体。细胞形状多种多样，明显对称。除少数属外，典型的细胞中部明显凹入，凹入处称"缢缝"。缢缝将细胞分成两部分，每一部分称为1个"半细胞"，两个"半细胞"通过缢部连接。细胞两顶端常平截，其边缘称"顶缘"。顶缘至缢缝的细胞壁称"侧缘"。顶缝与侧缘交接处为顶部角。成熟的细胞有2或3层壁，其内层是纤维素，中层为纤维素及果胶质，外层是果胶质层。细胞壁常被铁质侵入，故有黄至褐的色彩。外面较厚的壁上还有一薄的胶质鞘。最外的细胞壁常常构成各种各样的刻纹，其形状有点状、颗粒、小乳头突、刺或突起，这些都是均匀而有规则的排列，是分类的依据。多数种在每一半细胞里有1个、2个或多个叶绿体，为轴生、4个或更多的为周生，具1个、2个或多个蛋白核；核位于细胞缢部。有些种类，细胞顶部具明显的液泡内含1至多个运动的石膏晶粒。这晶粒也在细胞质中，甚至在合子中都有。营养繁殖为细胞分裂，无性生殖产生不动孢子及单性孢子（只在少数鼓藻中发现）。有性生殖为接合生殖。

本目全为淡水种，可在各种水体中，通常在软水水体，湖泊沿岸和沼泽水中种类较丰富，个体数量多。少数生在潮土及岩石表层。鉴定种时大多数属必须观察细胞正面、侧面及垂直面观的形态。

仅1科即鼓藻科 Desmidiaceae，有26属，5 000多种。我国已记载19个属。

鼓藻科分属检索表

1. 单细胞 ……………………………………………………………………………………………2
1. 不分枝的丝状体或具胶被的不定形群体 ………………………………………………………15
　　2. 细胞中部不凹入，无缢部 ……………………………………………………………………3
　　2. 细胞中部凹入，具缢部 ………………………………………………………………………4
3. 细胞长轴弯曲 ……………………………………………………………新月藻属 Closterium
3. 细胞长轴平直 ……………………………………………………………柱形鼓藻属 Penium
　　4. 细胞长超过宽的3～4倍 ……………………………………………………………………5
　　4. 细胞长不超过宽的3～4倍 …………………………………………………………………8
5. 半细胞顶缘中间凹陷 ………………………………………………………………………………6
5. 半细胞顶缘中间不凹陷 ……………………………………………………………………………7

6. 细胞壁具数列环状排列的刺或疣·································角顶鼓藻属 *Triploceras*

6. 细胞壁不具环状排列的刺或疣·································裂顶鼓藻属 *Tetmemorus*

7. 围绕半细胞基部具纵向皱褶及小圆疣·························基纹鼓藻属 *Docidium*

7. 围绕半细胞基部不具纵向皱褶及小圆疣····················宽带鼓藻属 *Pleurotaenium*

8. 细胞非纵扁···9

8. 细胞纵扁···10

9. 垂直面观为圆形···柱形鼓藻属 *Penium*

9. 垂直面观为三角形或多角形，角顶延长成为臂突起或否·········角星鼓藻属 *Staurastrum*

10. 半细胞顶缘中间凹陷···11

10. 半细胞顶缘中间不凹陷···12

11. 半细胞不深裂分叶···凹顶鼓藻属 *Euastrum*

11. 半细胞深裂分叶···微星鼓藻属 *Micrasterias*

12. 半细胞顶部两侧各具 1 个臂状突起·······················角星鼓藻属 *Staurastrum*

12. 半细胞顶部两侧无臂状突起···13

13. 半细胞不具明显的长刺·······································鼓藻属 *Cosmarium*

13. 半细胞具明显的长刺···14

14. 半细胞正面观细胞壁中部增厚，具 4 条或多数（罕为 2 条）粗刺···多棘鼓藻属 *Xanthidium*

14. 半细胞正面观细胞壁中部不加厚，具 2 条（罕为 4 条）粗刺······四棘鼓藻属 *Arthrodesmus*

15. 不分枝的丝状体···16

15. 胶被包被的群体···胶球鼓藻属 *Cosmocladium*

16. 丝体由细胞顶端突起连接···17

16. 丝体由细胞顶端直接连接···18

17. 细胞顶端突起长、头状，伸展到相邻细胞顶部·············棘接鼓藻属 *Onychonema*

17. 细胞顶端突起短、疣状·····································疣接鼓藻属 *Sphaerozosma*

18. 细胞垂直面观圆形···19

18. 细胞垂直面观椭圆形、三角形···20

19. 半细胞基部特别膨大···缢丝鼓藻属 *Gymnozyga*

19. 半细胞基部不膨大···圆丝鼓藻属 *Hyalotheca*

20. 细胞缢部深···顶接鼓藻属 *Spondylosium*

20. 细胞缢部浅···角丝鼓藻属 *Desmidium*

辽河流域常见属（种）

33. 新月藻属 *Closterium*

单细胞，通常以弓形弯曲，两端变细，细胞横切面以圆形为特征。多数种的细胞壁有纵向条纹和微细的孔。叶绿体常为鞍形，由 1 或数个的脊片组成，脊片在细胞轴上结合成一强的中央体。每半个细胞中有一叶绿体，常具一排蛋白核，少数种如新月藻（*C. lunula*）的蛋白核分散在整个叶绿体上；细胞两端各具 1 个液泡，内含 1 至多个石膏晶粒。细胞两端具孔，由孔分泌出许多胶质来，由此使细胞发生运动。细胞每分裂一次，新形成的半细胞和母细胞的半细胞间的壁上常留下横纹状结构，称为"缝线"，其数目表示细胞分裂次数，常位于中部。也位于其他部位，其间的部分称中间环带。依有无中间环带将本属分为两类，但它非分种的依据。测量细胞两端间的直线距离示细胞长度，细胞中部的直径示宽度。为乙型中污水生物带的指示种。

（65）项圈新月藻 *Closterium moniliforum*

细胞中等大小，粗壮，长为宽的 5 ～ 8 倍，中等程度弯曲，背缘呈 50°～ 130° 弓形弧度，腹缘中部略膨大，其后均匀地向顶部逐渐变狭，顶端钝圆；细胞壁平滑，无色；色素体约具 6 条纵脊，中轴具一列 6 ～ 7 个蛋白核，末端液泡具许多运动颗粒。细胞长 165 ～ 415 μm，宽 25 ～ 59 μm，顶部宽 5 ～ 9 μm。

生境：辽河流域广泛分布。鉴定标本采自台沟断面。

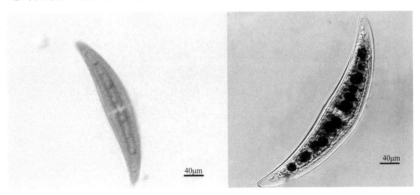

项圈新月藻 *Closterium moniliforum*

（66）库津新月藻 *Closterium kuetzingii*

细胞中等大小，长为宽的 20 ～ 28 倍；长、纵直，中部纺锤形到披针形，两侧近同等膨大，突然向顶部变狭并延长形成无色的长突起，顶部略向腹缘弯曲，顶端圆形，常略膨大和内壁增厚；细胞壁无色或黄褐色，在 10 μm 中具 8 ～ 11 条纵线纹；色素体中轴具一列 4 ～ 7 个蛋白核，末端液泡大，位于无色长突起的基部，内含 2 ～ 10 个运动颗粒。细胞长 143 ～ 564μm，宽 11 ～ 24 μm，顶部宽 2.5 ～ 4μm。接合孢子近长方形，侧缘直或凹入，角平截或截圆形，长 34.5 ～ 49.5μm，宽 25 ～ 32μm。

生境：辽河流域广泛分布。鉴定标本采自胜利塘断面。

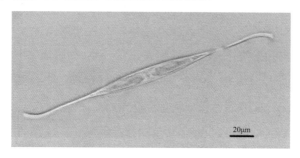

库津新月藻 *Closterium kuetzingii*

（67）**拟新月藻** *Closteriopsis longissima*

单细胞，狭长，针形，两侧近平行，两端渐尖、略弯，色素体周生、带状，1 个，具多个蛋白核，排成一列。细胞长 190 ～ 530μm，宽 2.5 ～ 7.5μm。

生境：生长在池塘、湖泊、水库中。鉴定标本采自金场断面。

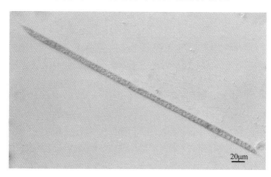

拟新月藻 *Closteriopsis longissima*

34. 角星鼓藻属 *Staurastrum*

本属全世界记载 100 种以上，主要是热带种类。多数种细胞前面观呈三角形、四边形或多边形，或在半细胞的末端常伸出有窄的突起或臂。此时细胞成双辐射状，即每半细胞仅有两个臂，于是细胞呈两侧对称。壁光滑仅具孔；或颗粒状疣或小刺。半细胞常为 1 个轴生色素体，具 1 到数个蛋白核，少数周生具数个蛋白核。浮游生活。为微污水生物带指示种。

（68）纤细角星鼓藻 *Staurastrum gracile*

细胞小到中等大小，形状变化很大，长约为宽的 1.5 倍（不包括突起），缢缝凹入较深，顶端尖或 U 形，向外张开成锐角；半细胞正面观近杯形，顶缘宽、略凸出或平直，具一列中间凹陷的小瘤或成对的小颗粒，在缘边瘤或小颗粒下的缘内具数纵行小颗粒，顶角斜向上或水平向延长形成细长的突起，具数轮小齿，突起缘边波形，末端具 3 ～ 4 个刺；垂直面观三角形，少数四角形，侧缘平直，少数略凹入，缘边具一列中间凹陷的小瘤或成对的小颗粒，缘内具数列小颗粒，有时成对。细胞长 27 ～ 60μm，宽（包括突起）44 ～ 110μm，缢部宽 5.5 ～ 13μm。

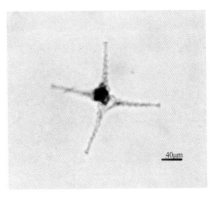

纤细角星鼓藻 *Staurastrum gracile*

生境：生长在池塘、湖泊、水库和沼泽中，浮游生活。鉴定标本采自汤河水库。

35. 鼓藻属 *Cosmarium*

本属全世界已记录 1 000 余种。单细胞，大小变化大，侧扁缢缝常深凹。半细胞正面观近圆形、椭圆形、卵形、梯形、长方形等。顶缘圆，平直或平直圆形。半细胞侧面观多为圆形。垂直面观为椭圆形，长方形。壁具点纹，圆孔纹或颗粒、微疣、乳头状突起，半细胞中部有或无拱形隆起。半细胞具 1 个、2 个或 4 个轴生色素体，每个色素体具 1 个或数个蛋白核，有的具 6 ～ 8 条带状色素体，每条色素体具数个蛋白核。多为微污水生物带的指示种，也有的种类为乙型中污水生物带指示种。

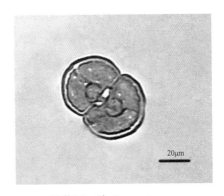

鼓藻属一种 *Cosmarium* sp.

（69）钝鼓藻 *Cosmarium obtusatum*

细胞中等大小到大，长约为宽的 1.2 倍，缢缝深凹，狭线形，顶端略膨大；半细胞正面观截顶的角锥形，顶缘截圆，侧缘凸出，约具 8 个波纹，缘内具 2 列明显的颗粒，基角略圆；半细胞侧面观广椭圆形；垂直面观长圆到椭圆形，厚和宽的比例约为 1 ：2，侧缘波形，缘内具 4 ～ 5 列近平行的波纹；细胞壁具粗点纹；半细胞具 1 个轴生的色素体，具 2 个蛋白核，细胞长 44.5 ～ 80 μm，宽 39.5 ～ 65 μm，缢部宽 12.5 ～ 23 μm，厚 22 ～ 37 μm。接合孢子球形，孢壁具许多圆锥形的突起，直径 67 ～ 69 μm，圆锥形的突起长 8 ～ 9 μm。

生境：生长在贫营养到富营养、酸性到碱性（pH 为 4.5 ～ 8.6）的稻田、池塘、湖泊、水库和沼泽中，浮游或附着于其他基质上。鉴定标本采自阿及堡断面。

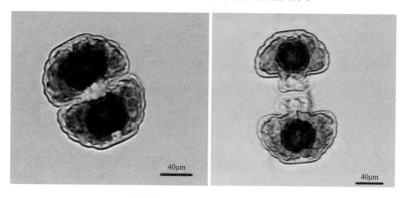

钝鼓藻 *Cosmarium obtusatum*

（70）肾形鼓藻 *Cosmarium reniforme*

细胞中等大小，长约大于宽，缢缝深凹，狭线形，向外张开和外端宽膨大；半细胞正面观肾形，顶角广圆，基角圆；半细胞侧面观圆形；垂直面观椭圆形；细胞壁具斜十字形或有时不明显垂直排列的颗粒，半细胞缘边具 30 ～ 36 个颗粒；半细胞具 1 个轴生的色素体，具 2 个蛋白核。细胞长 31 ～ 62.5 μm，宽 28.5 ～ 54 μm，缢部宽 9 ～ 29 μm，厚 15 ～ 35 μm。

生境：生长在贫营养到富营养、偏酸性到碱性（pH 为 6 ～ 9）的多年的池塘和鱼池、水坑、湖泊、水库、沼泽、溪流、稻田中。鉴定标本采自清辽断面。

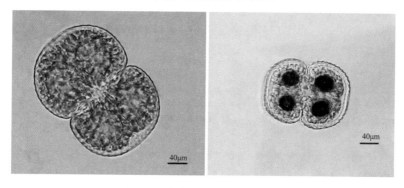

肾形鼓藻 *Cosmarium reniforme*

4.2.7 双星藻目 Zygnematales

此目仅淡水产，无海水种类。个别种类能在半咸水中生活，少数种类能生长在潮湿土壤上。藻体为不分枝的丝状体，偶尔产生假根状分枝。细胞圆柱形，1 个核，常位于细胞中央。叶绿体有三种类型：①螺旋扭曲的带状叶绿体，延伸细胞的长度（水绵属 Spirogyra）；②轴生板状叶绿体，延伸细胞的长度（转板藻属 Mougeotia）；③两个轴生星芒状的叶绿体，彼此邻近（双星藻属 Zygnema）。在这些细胞中对光强度反应上有一个显著的叶绿体方位。如转板藻属在低光强度下叶绿体呈现一个向光表面，而在高光强度下，它呈现一个边缘展示（Haupt 和 Schonbohm，1970）。双星藻目的许多种通过分秘的胶质能进行细胞移动。水绵属的种类受到光照时，丝状体以分泌的胶质螺旋地向前移动 (Yeh 和 Gibor，1970)。光的方向不影响丝状体的运动方向。蛋白核 1 至多个（拟转板藻属无蛋白核）。繁殖方式为营养繁殖、无性和有性生殖。有性生殖为接合生殖。接合生殖分为梯形接合和侧面接合。梯形接合：由贴近的 2 条藻丝上的相对的细胞间进行的；侧面结合：由同 1 条藻丝上相邻的 2 个细胞间进行的。2 个变形虫状的配子，通常借助于 2 个母体细胞间发生的接合管而接合；少数属不产生接合管，由配子囊直接接合。接合子在接合管中或雌配子囊内形成。成熟的接合子通常具 3 层壁，少数种类具 4 层或 5 层。中层壁（少数外层或内层）平滑或具一定类型的花纹。多为黄褐色，少为蓝色或无色。有些种类可形成单性孢子，其壁上的花纹与颜色与接合子相同。

本目仅双星藻科 Zygnemataceae 一科，特征同目，有 13 属，约 600 种。

双星藻科分属检索表

1. 色素体轴生，板状或星芒状，不盘旋·······2
1. 色素体周生，带状，盘旋·······4
　2. 具两个星芒状或不规则球状色素体·······3
　2. 具板状色素体·······转板藻属 Mougeotia
3. 色素体星芒状；接合孢子囊不产生隔壁，与配子囊相通·······5
3. 色素体不规则球形；接合孢子囊产生隔壁，与配子囊隔开·······膝接藻属 Zygogonium
　4. 色素体带状，螺旋盘绕；生殖时产生接合管·······水绵属 Spirogyra
　4. 色素体略弯曲，生殖时不产生接合管，由两个配子囊直接接合·······链膝藻属 Sirogonium
5. 生殖时，配子囊及静孢子囊内无胶质·······双星藻属 Zygnema
5. 生殖时，配子囊及静孢子囊内充满胶质·······拟双星藻属 Zygnetnopsis

辽河流域常见属（种）

36. 水绵属 *Spirogyra*

本属是最熟悉的并分布最广的接合藻类，种类很多。已记录约 300 种。藻体为长而不分枝的丝状体，偶尔产生假根状分枝。营养细胞圆柱形，细胞横壁有平直型、折叠型、半折叠型、束合型四种类型。色素体 1 ～ 16 条，周生，带状，沿细胞壁作螺旋盘绕，每条色素体具一列蛋白核。接合生殖为梯形和侧面接合，具接合管。接合孢子形态多样。孢壁常为 3 层，少为 2 ～ 5 层；中孢壁平滑或具一定类型花纹，成熟后为黄褐色。有些种类产生单性孢子或静孢子。多数种类为微污水生物带的指示种。有些种如粗水绵（*S. crassa*）、（*S. majuscula*）等为乙型中污水生物带的指示生物。

（71）普通水绵 *Spirogyra communis*

营养细胞长 32 ～ 243 μm，宽 18 ～ 26 μm；横壁平直；色素体 1 条，旋绕 1 ～ 3 转；梯形接合，有时侧面接合；接合管由雌雄配子囊形成，接合孢子囊圆柱形或略膨大；接合孢子椭圆形，罕为柱状椭圆形，两端略尖，长 36 ～ 78μm，宽 18 ～ 31μm；孢壁三层，中孢壁平滑，成熟后黄色。

生境：生长在水坑、水沟、小池塘、稻田等小水体中，辽河流域广泛分布。鉴定标本采自清源上断面。

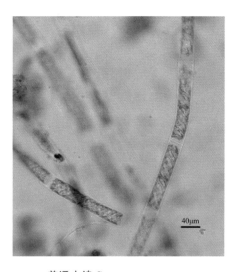

普通水绵 *Spirogyra communis*

4.3 硅藻门 Bacillariophyta

　　硅藻门的种类为单细胞，或由细胞彼此连成链状、带状、丛状、放射状的群体，浮游或者着生，着生种类常具有胶质柄或包被在胶质团或胶质管中。细胞壁除含有果胶质外，含有大量的复杂硅质结构，形成坚硬的硅藻壳。壳体由上下两个半片套合而成，套在外面较大的半片称为上壳，套在里面较小的半片称为下壳。上下两壳都各自由盖板和缘板两部分组成。上壳的盖板称盖板，下壳则称底板，缘板部分称壳环带，以壳环带套合形成一个硅藻细胞。从垂直方向观察细胞的盖板或底板时，称为壳面观，从水平方向观察细胞的壳环带时，称为带面观。硅藻细胞的壳面呈圆形、三角形、多角形、卵形、线形等多种形状，消解后的横线纹排列方向及疏密程度也不同，作为分类的重要依据。壳面中部或偏于一侧具 1 条纵向的无纹平滑区，称中轴区，中轴区中部横线纹较短，形成面积较大的中央区，中央区中部由于壳内壁增厚而形成中央节，如壳内壁不增厚，仅具圆形、椭圆形或横矩形的无纹区，称假中央节，中央节两侧，沿中轴区中部有一条纵向的裂缝，称为壳缝，壳缝两端的壳内壁各有 1 个增厚部分，称极节，有的种类无壳缝，仅有较狭窄的中轴区，称为假壳缝，有的种类的壳缝是 1 条纵走的或围绕壳缘的管沟，称管壳缝。壳缝主要与运动有关。

　　根据硅藻壳的形态和花纹，硅藻门分成两个纲，即中心纲和羽纹纲。

硅藻门分纲检索表

花纹辐射排列，不具壳缝和假壳缝……………………………………………………中心纲 Centricae

花纹左右对称，具壳缝或假壳缝……………………………………………………羽纹纲 Pennatae

　　中心纲的主要特征是：单细胞或由壳面互相连结成链状，多为浮游种类，少数分泌胶质黏附在他物上。壳体环形、椭圆形，也有多角形的；壳面花纹是放射状的，无壳缝或假壳缝，不能运动；细胞壁常具凸起或棘。大多具有小盘状色素体。有性繁殖是由卵式生殖来进行，无性繁殖是由动孢子（微孢子）来进行。有的形成休眠孢子（胞囊）。大部分是海生种类，淡水种类很少。

　　羽纹纲的主要特征是：细胞的壳面线形到披针形、卵形、舟形、新月形、弓形、"S"形等；具壳缝或假壳缝，在壳缝或假壳缝的两侧具由细点连成的横线纹或横肋纹。有些种类在横线纹或横肋纹上又具纵线纹。带面多为长方形，两侧对称或不对称，间生带有或无。有些属具有与壳面平行或垂直的隔膜。色素体盘状，多数，或片状，1～2个，蛋白核有或无。繁殖方法除细胞分裂外，发现有些属有复大孢子的形成。根据壳缝状况，本纲共分5个目。

羽纹纲分目检索表
1. 细胞壳面具假壳缝···无壳缝目 Araphidiales
1. 细胞壳面具壳缝，或一面具壳缝另一面具假壳缝··2
2. 细胞两壳面均具壳缝··3
2. 细胞仅一壳面具壳缝，另一壳面具假壳缝·······················单壳缝目 Monoraphidinales
3. 壳缝发达··4
3. 壳缝不发达，很短，仅位于壳面两端的一侧·······················短壳缝目 Raphidionales
4. 壳缝线形···双壳缝目 Biraphidinales
4. 壳缝发育成管壳缝···管壳缝目 Aulonoraphidinales

中心纲分目检索表
1. 细胞长圆柱形，小盒形，具角状或棘刺凸起···2
1. 细胞圆盘形、鼓形，无角状凸起·······························圆筛藻目 Coscinodiscales
2. 细胞长圆柱形，常具对称或不对称的长角或棘刺···············根管藻目 Rhizoleniales
2. 细胞小盒形，具两个以上的明显的圆形隆起或角状突起，具长棘刺······盒形藻目 Biddulphiales

4.3.1 圆筛藻目 Coscinodiscales

细胞低矮，圆柱形，无角或突起，但常具或不具长的刺，刺通常是供构成群体用的。海产和淡水产。辽河流域仅发现圆筛藻科 Coscinodiscaceae，主要特征为：单细胞或壳面与壳面相连接成链状群体。细胞通常是圆盘形、鼓形或圆柱形。壳面平、凸起或凹入，横点位圆形，很少呈椭圆形。壳面具放射状不规则的线纹或网纹。没有角状凸起和结节。壳常有边缘刺。

圆筛藻科分属检索表
1. 壳体圆柱形，常连成链状···2
1. 壳体圆盘形或鼓形，单细胞，绝少连成疏松的链状···3
2. 链状群体的各壳体间壳面紧贴，壳带面具明显的纹饰·················直链藻属 *Melosira*
2. 链状群体的各壳体间壳面不紧贴，壳带面无纹饰或具细弱的点纹······海链藻属 *Thalassiosira*

3. 壳面中央区与边缘区的纹饰不同 ···小环藻属 *Cyclotella*

3. 壳面纹饰无中央区与边缘区之分 ···4

　4. 壳面纹饰呈束状放射排列，其间具放射状的无纹间隙···········冠盘藻属 *Stephanodiscus*

　4. 壳面纹饰不为放射状的无纹间隙所间隔····························圆筛藻属 *Coscinodiscus*

辽河流域常见属（种）

1. 直链藻属 *Melosira*

本属有 95 种，生活在淡水或咸水中。细胞圆柱形，常连成或长或短的链状。

（1）颗粒直链藻 *Melosira granulate*

群体长链状，细胞以壳盘缘刺彼此紧密连成；群体细胞圆柱形，壳盘面平，具散生的圆点纹，壳盘缘除两端细胞具不规则的长刺外，其他细胞具小短刺；点纹形状不规则，常呈方形或圆形，端细胞为纵向平行排列，其他细胞均为斜向螺旋状排列，点纹多型，为粗点纹、粗细点纹、细点纹；壳套面发达，壳壁厚，环沟和假环沟呈"V"形；具深镶的较薄的环状体；颈部明显。点纹 10 μm 内 8 ～ 15 条，每条具 8 ～ 12 个点纹；细胞直径 4.5 ～ 21 μm，高 5 ～ 24 μm。

　　生境：生长在江河、湖泊、水库、池塘、沼泽等各种水体中，尤其在富营养湖泊或池塘中大量出现，浮游生活，pH 6.3 ～ 9，适宜的 pH 为 7.9 ～ 8.2。鉴定标本采自九龙入蒲断面。

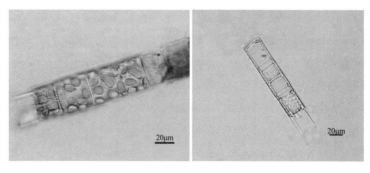

颗粒直链藻 *Melosira granulate*

（2）颗粒直链藻极狭变种 *Melosira granulata* var. *angustissima*

此变种与原变种不同之处在于：链状群体细而长，壳体高度大于直径的数倍到 10 倍。点纹 10 μm 内 10 ～ 14 条；细胞直径 3 ～ 4.5 μm，高 11.5 ～ 17 μm。

生境：生长在江河、湖泊、水库、池塘中，在富营养湖泊或池塘中大量出现，浮游生活，pH 6.2～9，喜碱性水体。鉴定标本采自汤河水库。

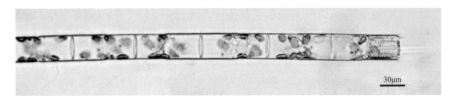

颗粒直链藻极狭变种 *Melosira granulata* var. *angustissima*

（3）颗粒直链藻极狭变种螺旋变型 *Melosira granulata* var. *angustissima* f. *spiralis*

此变型与变种的不同之处在于：链状群体弯曲形成螺旋形。点纹 10μm 内约 16 条；细胞直径 2.5～5.5 μm，高 7.5～19.5 μm。大量繁殖易导致湖库水华。

生境：浮游生活于江河、湖泊、水库、池塘中。鉴定标本采自参窝水库。

颗粒直链藻极狭变种螺旋变型 *Melosira granulata* var. *angustissima* f. *spiralis*

（4）变异直链藻 *Melosira varians*

群体链状，细胞彼此紧密连接；群体细胞圆柱形，壳盘面平，盘缘向下弯曲，具极细的齿；壳套面环状，壳壁略薄而均匀；假环沟狭窄，无环沟和颈部；内外壳套线平行；仅在分辨率高的显微镜下能观察到外壁具极细的点纹。细胞直径 7～35 μm，高 4.5～14（～27）μm。无性生殖产生复大孢子，球形，具 1～2 个脐状突起，也产生小孢子。

生境：生长在各种浅水水体中，偶然性浮游种类，常在夏天的富营养湖泊或中污染水体中大量出现，喜微碱性或碱性水体，pH 6.4～9，适宜 pH 约为 8.5，为有机污染水体的指示种类。鉴定标本采自西砬底下断面。

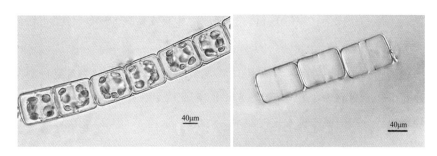

变异直链藻 *Melosira varians*

（5）岛直链藻 *Melosira islandica*

群体链状，细胞彼此紧密连接；群体细胞圆柱形，壳盘面平坦，具细点纹，点纹在近壳缘处较大，壳盘缘略弯曲，具小短刺；壳带面发达，壁厚，假环沟小，环沟略平，具深入的环状体；颈部短；壳套线直，点纹细，纵向平行排列。偶尔呈斜向或弯曲不规则。点纹 10 μm 内具 8～16 条，每条具 12～18 个点纹；细胞直径 8～16 μm，高 10～17 μm。无性生殖产生复大孢子，球形，无脐凸。

生境：生长在江河、湖泊、水库、池塘等水体中，尤其在春、秋季大量出现，浮游生活。鉴定标本采自团结水库。

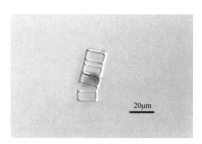

岛直链藻 *Melosira islandica*

2. 小环藻属 *Cyclotella*

本属全世界已记载 40 种，淡水及海水产，是浮游的种类，也有生活在泥土中的。壳面圆形，少为椭圆形；常具同心圆的或切线平行的波状皱褶，边缘带有散射状排列的孔纹，中央部分为平滑或具放射状排列的孔纹。

（6）梅尼小环藻 *Cyclotella meneghiniana*

单细胞，鼓形；壳面圆形，呈切向波曲；边缘区宽度约为半径的 1/2，具辐射状排列的粗而平滑的楔形肋纹，在 10 μm 内 5～9 条（极少到 12 条）；中央区平滑或具细小的辐射状点线纹，绝少具 1 ～ 2 个粗点。细胞直径 7 ～ 30 μm。电镜观察：中央支持突 1 ～ 7 个，具一轮边缘支持突，边缘区有一个唇形突。

生境：生长在湖泊、池塘、水库、河流中，在沿岸带的水草丛中附生、偶然性浮游或真性浮游。淡水或半咸水，pH 为 6.4 ～ 9，最适 pH 为 8 ～ 8.5，在清洁的贫营养到 α- 中污带性水体中均能生长。辽河流域广泛分布。鉴定标本采自清水河桥断面。

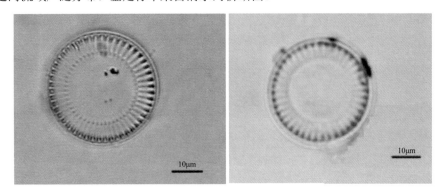

梅尼小环藻 *Cyclotella meneghiniana*

3. 冠盘藻属 *Stephanodiscus*

（7）新星形冠盘藻 *Stephanodiscus neoastraea*

单细胞，很少 2 ～ 3 个细胞连成短链状群体；细胞圆盘形，壁厚；壳面圆形，呈同心波曲，具成束辐射状排列的网孔，10 μm 内约 9 束，16 ～ 22 个网孔，壳缘处每束网孔 2 ～ 3 列，在中部成单列，数条单列网孔直达壳面中心，中央网孔散生，网孔束之间为辐射无纹区，刺亚边缘位，位于每 2 ～ 4 条辐射无纹区的末端。细胞直径 14.5 ～ 70 μm。

生境：池塘、湖泊、水库，尤其大量生长在富营养型的水体中，是中污带水体的指示种。辽河流域广泛分布。鉴定标本采自汤河水库出库口。

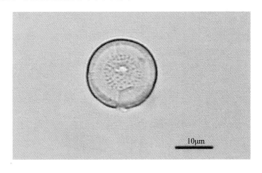

新星形冠盘藻 *Stephanodiscus neoastraea*

4.3.2 无壳缝目 Araphidiales

壳面仅有假壳缝，而无真正的壳缝。仅有 1 科，即脆杆藻科 Fragilariaceac，特征与目相同。

脆杆藻科分属检索表

1. 细胞具头状膨大的末端，较粗末端连成星形群体 ············· 星杆藻属 *Asterionella*	
1. 细胞不具头状膨大的末端 ·· 2	
2. 细胞具与壳面平行的厚隔膜 ·· 3	
2. 细胞不具厚隔膜 ··· 4	
3. 隔膜弯曲 ·································· 四环藻属 *Tetracyclus*	
3. 隔膜直 ······································ 平板藻属 *Tabellaria*	
4. 壳面具粗肋纹及细线纹 ·· 5	
4. 壳面无肋纹，仅具线纹 ·· 6	
5. 细胞两端等宽；两侧及两端对称 ·············· 等片藻属 *Diatoma*	
5. 细胞两端不等宽；带面及壳面均呈楔形 ··········· 扇形藻属 *Meridion*	
6. 壳面弓形或直线形，腹侧中部具假节 ········· 蛾眉藻属 *Ceratoneis*	
6. 壳面长披针形或细长棒形，无假节 ······························ 7	
7. 在生活状态细胞常连成长带状群体 ·············· 脆杆藻属 *Fragilaria*	
7. 在生活状态为单细胞或簇生呈放射状或扇状群体 ····· 针杆藻属 *Synedra*	

辽河流域常见属（种）

4. 平板藻属 *Tabellaria*

本属约有 21 种，淡水生的。细胞常连成 "Z" 字形或星形群体。壳面线形，中部常明显膨大，两端略膨大；假壳缝狭窄，两侧具由细点纹组成的线纹。带面通常具许多间生带，在间生带之间具纵隔膜。色素体小盘状，多数。

（8）绒毛平板藻 *Tabellaria flocculosa*

细胞常连成 "Z" 形的群体；壳面菱形，中部及两端明显膨大；横线纹细，在中部略呈放射状，10 μm 内 12 ~ 19 条；带面两端各具多数纵向的长形隔膜，隔膜达细胞中部。细胞长

12 ～ 80 μm，宽 5 ～ 16 μm。

生境：生长在稻田、水坑、池塘、湖泊、水库、山溪、泉水、河流石上、沼泽中，潮湿土表。浮游或附着于基质上。鉴定标本采自滚马岭断面。

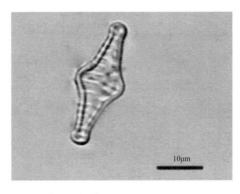

绒毛平板藻 *Tabellaria flocculosa*

5. 扇形藻属 *Meridion*

淡水产的。细胞互相连结成扇形或螺旋形群体。壳面棒形或倒卵形，具假壳缝。壳面和带面具横肋纹。带面楔形，具 1 ～ 2 个间插带；壳内具许多发育不全的横隔膜。在小水沟和半永久性的池塘中最为丰富。

（9）环状扇形藻 *Meridion circulare*

细胞互相连成扇形群体；壳面棒形，上端呈明显的宽、广圆形，下端较狭，壳面上端近壳缘具一个唇形突；假壳缝狭窄，其两侧具横细线纹和肋纹，线纹在 10 μm 内 12 ～ 20 条，肋纹在 10 μm 内 2 ～ 6 条；带面楔形，具 1 到 2 个间生带，壳内具许多发育不全的横隔膜。细胞长 12 ～ 80 μm，宽 4 ～ 8 μm。

生境：生长在淡水小水体中，特别是流水水体，有的也生长在微咸水中。辽河流域广泛分布。鉴定标本采自滴台头断面。

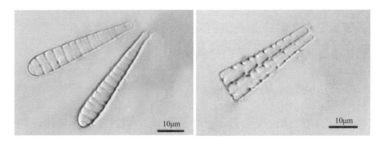

环状扇形藻 *Meridion circulare*

110

6. 等片藻属 *Diatoma*

本属已记载7种，有淡水种类，也有半咸水和沿岸带着生种类。细胞常连成带状或锯齿状群体。壳面观成披针形到线形，壳面和带面均具肋纹和细线纹。黏液孔（唇形突）很清楚；带面长方形，具1到多数间生带、无隔膜；色素体椭圆形，多数。每个母细胞形成1个复大孢子。

（10）纤细等片藻 *Diatoma tenue*

细胞连成星形群体，壳面线形到线形披针形，线形的两端圆或略膨大，线形披针形的两端略尖，壳面一端的末端一条肋纹上具一个唇形突；假壳缝线形，其两侧具横线纹和肋纹，线纹很细，在10μm内16～20条，肋纹在10μm内5～10条；带面细长线形。细胞长21～120μm，宽2～4.5μm。

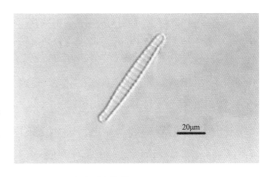

纤细等片藻 *Diatoma tenue*

生境：生长在池塘、湖泊、水库、河流、沼泽中。鉴定标本采自汤河桥断面。

（11）普通等片藻 *Diatoma vulgare*

细胞连成"Z"形群体；壳面线形披针形到椭圆形披针形，中部略凸，逐渐向两端狭窄、顶端喙状，壳面一端具一个唇形突；假壳缝线形，很狭窄，其两侧具横肋纹和肋纹间具横线纹，线纹在10μm内20～25条，肋纹在10μm内6～10条；带面长方形，角圆，间生带数目少。细胞长30～60μm，宽10～15μm。

生境：生长在池塘、湖泊、水库、河流中，沿岸带着生种类，有时偶然性浮游种类。辽河流域广泛分布。鉴定标本采自清源上断面。

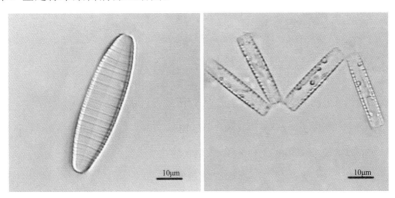

普通等片藻 *Diatoma vulgare*

7. 脆杆藻属 *Fragilaria*

此属已记载约 100 种，淡水或海水产。细胞常互相连结成带状群体，或以每个细胞的一端相连成 "Z" 状群体。壳面长椭圆形至细长线形，有假壳缝。两侧具横线纹，带面长方形，有 1 ～ 3 个间插带，无隔膜。色素体 1 至多个。

（12）钝脆杆藻 *Fragilaria capucina*

细胞常互相连成带状群体；壳面长线形，近两端逐渐略狭窄，末端略膨大，钝圆形；假壳缝线形，横线纹细，在 10 μm 内 8 ～ 17 条，中心区矩形，无线纹，细胞长 25 ～ 220 μm，宽 2 ～ 7 μm。

生境：生长在池塘、沟渠、湖泊、水库及缓流的河流中，偶然性浮游种类，也存在于半咸水中。鉴定标本采自鸽子洞断面。

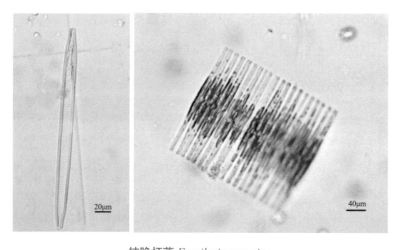

钝脆杆藻 *Fragilaria capucina*

（13）钝脆杆藻披针形变种 *Fragilaria capucina* var. *lanceolata*

此变种与原变种的不同为壳面披针形，从近中部向两端逐渐狭窄，末端略呈头状，线纹在 10 μm 内 13 ～ 15 条。细胞长 22 ～ 82μm，宽 3.5 ～ 7 μm。

生境：生长在水坑、池塘、湖泊、水库、溪流、泉水、沼泽中。辽河流域广泛分布。鉴定标本采自

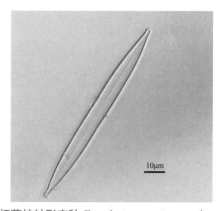

钝脆杆藻披针形变种 *Fragilaria capucina* var. *lanceolat*

鸽子洞断面。

（14）变绿脆杆藻 *Fragilaria virescens*

细胞常互相连接成带状群体；壳面线形，
两侧平直或略凸出，两端突然变狭延长，末端
钝圆、喙状；假壳缝狭线形，无中央区，横线
纹很细，在 10μm 内 12 ～ 19 条，带面长方形。
细胞长 8 ～ 32μm，宽 3.5 ～ 10μm。

生境：生长在池塘、湖泊、水库、山溪及
泉水中。辽河流域广泛分布。鉴定标本采自榛
子岭水库。

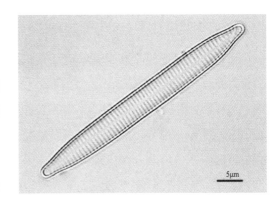

变绿脆杆藻 *Fragilaria virescens*

（15）变绿脆杆藻头端变种 *Fragilaria
virescens* var. *capitata*

此变种与原变种的主要不同是：本变种
壳面末端延长呈头状。壳面长 50 ～ 66 μm，
壳 面 宽 3 ～ 7 μm。 在 10 μm 内 有 线 纹
12 ～ 19 条。

生境：河湾、沼泽、湿地等。鉴定标本
采自大三家子断面。

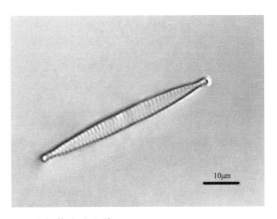

变绿脆杆藻头端变种 *Fragilaria virescens* var. *capitata*

（16）连结脆杆藻近盐生变种
Fragilaria construens var. *subsalina*

本变种与原变种的主要区别是：本变种
壳面呈线状披针形。壳面长 12 ～ 23 μm，
壳面宽 3 ～ 4 μm。横线纹呈平行排列，
壳面末端略放射状排列，在 10 μm 内有
12 ～ 19 条。

生境：水沟、小水坑、冷泉、沼泽、
水池及潮湿石表等环境。鉴定标本采自汤

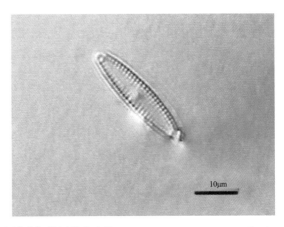

连结脆杆藻近盐生变种 *Fragilaria construens* var. *subsalina*

河桥断面。

（17）羽纹脆杆藻 *Fragilaria pinnata*

细胞常互相连成带状群体；壳面线形或较狭的椭圆形，末端钝圆形；假壳缝狭、线形或中部略宽呈披针形，无中央区，横线纹粗，在 10 μm 内 7 ～ 12 条；带面长方形。细胞长 6 ～ 30 μm，宽 3 ～ 6μm。

生境：生长在池塘、沟渠、湖泊、水库中，淡水或半咸水均有分布。鉴定标本采自小寨子断面。

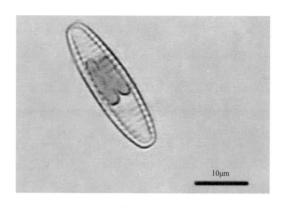

羽纹脆杆藻 *Fragilaria pinnata*

（18）沃切里脆杆藻远距变种 *Fragilaria vaucheriae* var. *distans*

壳体常连成短或长链状群体，偶单生。壳面线状至线状披针形，向两端逐渐变窄，末端喙状或圆头状。假壳缝窄线形。中央区通常仅在壳面的一侧，且此侧常略膨出。横线纹平行或略辐射状排列，偶相对中央区的线纹略短。横线纹粗，在 10μm 内有 7 ～ 10 条。

生境：小溪、水沟、湖泊及水库中。鉴定标本采自汤河桥断面。

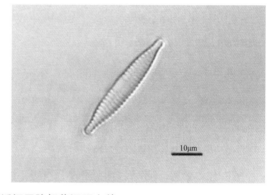

沃切里脆杆藻远距变种 *Fragilaria vaucheriae* var. *distans*

（19）短线脆杆藻 *Fragilaria brevistriata*

细胞常互相连成带状群体；壳面线形到线形披针形，末端钝圆；假壳缝宽披针形，其两侧具细的很短的横线纹，在 10 μm 内 11 ～ 18 条。细胞长 12 ～ 41 μm，宽 2.5 ～ 6.5 μm。

生境：生长在池塘、沟渠、湖泊、水库、缓流的河流中。辽河流域广泛分布。鉴定标本采自辽河源断面。

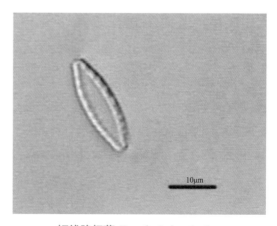

短线脆杆藻 *Fragilaria brevistriata*

8. 针杆藻属 *Synedra*

本属已记载约 100 种，分布广，生活在淡水和咸水中。细胞长线形。浮游种类为单细胞或放射状群体；着生种类为放射状或扇状群体，却不构成链状群体。壳平，末端常有结节和一个假壳缝，在壳面观和带面观都呈小棒形。

（20）尖针杆藻 *Stnedra acus*

壳面披针形，中部宽，从中部向两端逐渐狭窄，末端圆形或近头状；假壳缝狭窄，线形，中央区长方形，横线纹细、平行排列，在 10 μm 内 10 ～ 18 条；带面细线形。细胞长 62 ～ 300 μm，宽 3 ～ 6 μm。

生境：生长在池塘、湖泊等各种淡水中。鉴定标本采自盘锦兴安断面。

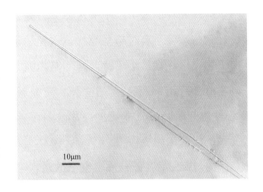

尖针杆藻 *Stnedra acus*

（21）平片针杆藻 *Synedra tabulate*

壳面狭披针形，从中部向两端逐渐狭窄，两端呈头状，末端圆；假壳缝宽披针形，无中央区，横线纹很短，在中部不间断，在 10 μm 内 10 ～ 18 条；带面线形长方形。细胞长为 60 ～ 150 μm，宽 2 ～ 5 μm。

生境：生长在稻田、水坑、池塘、湖泊、水库、溪流、河流、沼泽中，喜电导率高的清洁水体，存在于淡水和半咸水体中。辽河流域广泛分布。鉴定标本采自苏家堡断面。

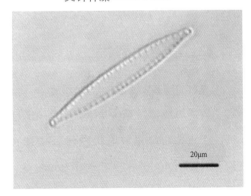

平片针杆藻 *Synedra tabulate*

（22）爆裂针杆藻 *Synedra rumpens*

壳体带面观线形，向末端渐狭。有时由 2 ～ 3 个壳体组成短的链。壳面观线形，向末端变细，顶端膨大呈小头状。假壳缝窄线形，中央区通常呈长大于宽的无纹横带状；边缘微膨大，中央区常显得较厚。横线纹为不明显的点纹，平行排列，在

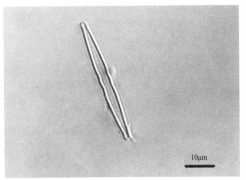

爆裂针杆藻 *Synedra rumpens*

10 μm 内有 18 ～ 20 条。壳面长 27 ～ 70 μm，壳面宽 2 ～ 4 μm。本种与其他变种的主要差异在于本种壳面中央区没有明显膨大，仅仅是微微膨大。

生境：常见于淡水湖泊、水库、池塘或缓流的山溪石头上。鉴定标本采自汤河桥断面。

（23）爆裂针杆藻梅尼变种 *Synedra rumpens* var. *meneghiniana*

壳体壳环面线形，中央区膨大。壳面线形或线状披针形，末端尖，有时略呈喙状。假壳缝很窄，有时不明显。中央区往往长小于宽，两侧略膨大。横线纹平行排列，在 10 μm 内有 12 ～ 14 条。壳面长 27 ～ 57 μm，壳面宽 3 ～ 4 μm。本变种与原变种形态很相似，但本变种的线纹比原变种粗。

生境：生活在矿物质含量低的淡水环境中、沼泽中、山溪石头上、水坑中、潮湿土表里、湖水中等。鉴定标本采自汤河桥断面。

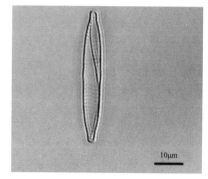

爆裂针杆藻梅尼变种
Synedra rumpens var. *meneghiniana*

（24）头端针杆藻 *Synedra capitata*

壳体带面观线形。壳面线形，具有突然膨大呈头状楔形末端。假壳缝明显，无中央区。壳面末端具黏液孔。横线纹呈平行排列，于近末端略呈放射状排列，在 10 μm 内有 8 ～ 11 条。壳面长 125 ～ 357 μm，壳面宽 7 ～ 10 μm。本种与其他种的区别在于本种壳面末端形态特征。

生境：广泛分布于淡水的湖泊或缓慢流水的河流、水库、水沟、沼泽化水坑、水塘等水体中。鉴定标本采自汤河桥断面。

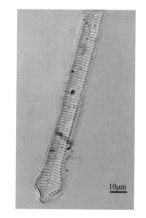

头端针杆藻 *Synedra capitata*

（25）肘状针杆藻缢缩变种 *Stnedra ulna* var. *constracta*

本变种与原变种的主要区别是：壳面宽线形，中部缢缩，末端延长呈喙缘状。假壳缝窄，中央区较大。壳面长 37 ～ 73 μm，壳面宽 6 ～ 9 μm。横线纹平行排列，在 10 μm 内有 12 ～ 15 条。

生境：普生性种类，在各种淡水水环境中常见到。辽河流域广泛分布。鉴定标本采自孤家子断面。

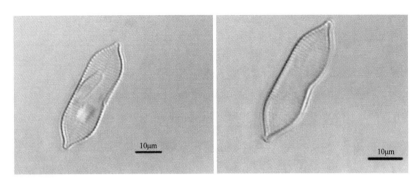

肘状针杆藻缢缩变种 *Stnedra ulna* var. *constracta*

9. 蛾眉藻属 *Ceratoneis*

壳面形状呈明显的弓形或直线形，两端头状；腹侧中部具略凸出的假节，假节处无线纹或具浅线纹，具假壳缝；假壳缝两侧具横线纹。主要生活在高原或高山的清水溪流中。

（26）弧形蛾眉藻 *Ceratoneis arcus*

壳面弓形，两端略呈头状，腹侧中部具略凸出的假节，假节处无线纹或具浅线纹；假壳缝狭窄，明显，其两侧具横线纹，在 10μm 内 13 ～ 18 条；带面线形，两侧平行，无间生带和隔膜。细胞长 15 ～ 150 μm，宽 4 ～ 10 μm。

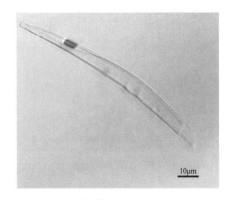

弧形蛾眉藻 *Ceratoneis arcus*

生境：常生长在山区的流水中，附着于基质上。辽河流域广泛分布。鉴定标本采自辽河源断面。

（27）弧形蛾眉藻双头变种 *Ceratoneis arcus* var. *amphioxys*

此变种与原变种的不同之处在于：细胞较宽和短，两端呈喙头状，壳面背缘明显凸出，腹缘在膨大的中心区的两侧膨大，腹侧中部假节狭窄，较凸出，因而呈现 3 个波形；线纹在 10 μm 内 14 ～ 19 条。细胞长 22 ～ 45 μm，宽 4.5 ～ 7 μm。

生境：生长在山区的流水中，附着在基质上。辽河流域广泛分布。鉴定标本采自滚马岭断面。

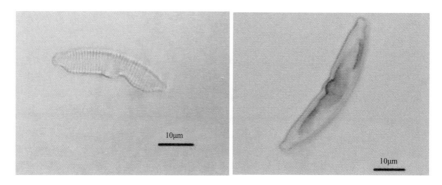

弧形蛾眉藻双头变种 *Ceratoneis arcus* var. *amphioxys*

10. 星杆藻属 *Asterionella*

本属约有 10 种，生活在淡水和咸水中。细胞窄线形，有头状膨大的末端，由较粗的末端合生成星形的群体。

（28）美丽星杆藻 *Asterionella formosa*

壳体形成星状群体，群体中的壳体彼此附着的这一端较壳体的其他部位宽大。壳面线形，沿着壳面两端逐渐稍变窄，壳面末端头状；一端宽大（指壳体彼此附着一端）呈粗大头状，而相反的一端较小，呈小头状或不明显小头状。假壳缝极窄，常不明显。壳面长 40～130 μm，壳面宽 1～3 μm，横线纹清晰，在 10μm 内有 24～28 条。

生境：本种为浮游生物种，最常出现在水库、水泡、水沟、水田等中营养或富营养的水体中，亦存在于潮湿的岩壁上。鉴定标本采自汤河桥断面。

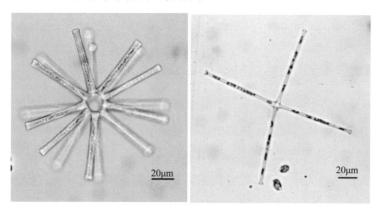

美丽星杆藻 *Asterionella formosa*

4.3.3 短壳缝目 Raphidionales

其主要特征是：仅在细胞的上下壳面两端具很短的壳缝。仅短缝藻科 Eunotiaceae 一科，有短缝藻属 *Eunotia*、尖杆藻属 *Peronia* 和 *Actinella* 3 个属。辽河流域常见种月形短缝藻 *Eunotia lunaris* 属于短缝藻属。

11. 短缝藻属 *Eunotia*

该属世界上已记载约 100 种，淡水产。壳有或没有弯弓，在凸面边缘常有波纹。多生长于软水池塘和水沟中，数量常不多，特别生活在清水或贫营养的水体中。浮游或附着于他物上。

（29）月形短缝藻 *Eunotia lunaris*

壳面弯线形，背缘略呈弧形，腹缘略凹入，背腹缘的中间部分平行，近末端略变狭，末端钝圆，短壳缝位于近末端的腹缘，横线纹平行排列，在 10μm 内 14 ～ 17 条，近末端的略呈放射排列。细胞长 20 ～ 166 μm，宽 3 ～ 6 μm。

生境：生长在稻田、水坑、池塘、湖泊、水库、山溪、河流、沼泽中，喜低盐度的水体。辽河流域广泛分布。鉴定标本采自七台子断面。

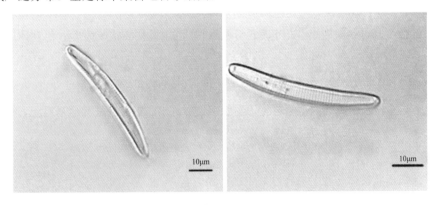

月形短缝藻 *Eunotia lunaris*

4.3.4 单壳缝目 Monoraphidinales

其主要特征是：细胞的 1 个壳片具有真壳缝，另一壳片具有假壳缝。唯一的 1 科是曲壳藻科 Achnanthaceae，其特征是：单细胞或连成带状群体，有时也形成分枝的树状群体。单细胞种类以具壳缝的一面附着在水中物体上，群体种类以胶质柄着生。其他特征与目相同。

曲壳藻科分属检索表

1. 单细胞，壳面宽椭圆形，不具胶质柄······················卵形藻属 Cocconeis
1. 常为群体，壳面线形或披针形，具胶质柄······································2
  2. 壳面两端大小相等··3
  2. 壳面两端大小不等······················弯楔藻属 Rhoicosphenia
3. 壳缝和假壳缝均直··························曲壳藻属 Achnanthes
3. 壳缝呈"S"形，假壳缝直··················真卵形藻属 Eucocconeis

辽河流域常见属（种）

12. 曲壳藻属 *Achnanthes*

植物体为单细胞或以壳面互相连接形成带状或树状群体，以胶柄着生于基质上；壳面线形披针形、线形椭圆形、椭圆形、菱形披针形，上壳面凸出或略凸出，具假壳缝，下壳面凹入或略凹入，具典型的壳缝，中央节明显，极节不明显，壳缝和假壳缝两侧的横线纹或点纹相似，或一壳面横线纹平行，另一壳面呈放射状；带面纵长弯曲，呈膝曲状或弧形；色素体片状，1～2个，或小盘状，多数。2个母细胞互相贴近，每个细胞的原生质体分裂成2个配子，成对的配子结合，形成2个复大孢子。本属已记载约100种，生活在淡水和海水中，也有生活在潮湿岩石的土中。生活在淡水中的类群主要着生于丝状藻类、沉水高等植物或其他基质上，或亚气生。

（30）披针形曲壳藻偏肿变形 *Achnanthes lanceolata* var. *ventricosa*

壳体常连成丝状群体。壳面为披针形，中部明显较宽，末端钝广圆。具壳缝的壳面轴区狭线形，中央区宽长方形，壳缝线形，中央节明显稍宽圆，远端缝隙以同一方向弯曲。横线纹粗，略呈放射状排列，中部两侧线纹极短，数量不规则，有时在一侧边缘缺线纹。具假壳缝的壳面，假壳缝呈线形或线状披针形，假壳缝的壳面中部不对称，在一侧具马蹄形的无纹区；轴区与中央区连接形成线状披针形的无纹区。壳面长 19～24 μm，壳面宽 6～7 μm，横线纹在 10 μm 内具假壳缝的壳面，有 12～13 条，具壳缝的壳面有 14 条。

生境：淡水普生性种类。广泛分布于各种类型水体中，特别是流动水体。鉴定标本采自汤河桥断面。

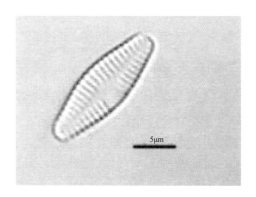

披针形曲壳藻偏肿变形 *Achnanthes lanceolata* var. *ventricosa*

13. 卵形藻属 *Cocconeis*

本属已记载约 50 种，在淡水和海水中生活。单细胞，壳面宽椭圆形，上下两壳外形相同，一壳具假壳缝，一壳具直的或"S"形的壳缝，具中央节及极节。细胞不具胶质柄，以下壳附生在大的藻类上或植物上。

（31）扁圆卵形藻 *Cocconeis placentula*

壳面椭圆形，具假壳缝一面的横线纹由相同大小的小孔纹组成，具壳缝的一面和不具壳缝的另一面中轴区均狭窄，具壳缝的一面中央区小，多少呈卵形，壳缝线形，其两侧的横线纹均在近壳的边缘中断，形成一个环绕在近壳缘四周的环状平滑区，由明显点纹组成的横线纹略呈放射状斜向中央区，在 10 μm 内 15 ～ 20 条，不具壳缝的一面假壳缝狭，明显点纹组成的横线纹在 10 μm 内 18 ～ 22 条。细胞长 11 ～ 70 μm，宽 7 ～ 40 μm。

生境：生长在稻田、水坑、池塘、湖泊、水库、河流、溪流、泉水、沼泽中，多为中性到碱性水体中，常着生在沉水生植物及其他基质上。辽河流域广泛分布。鉴定标本采自马虎山断面。

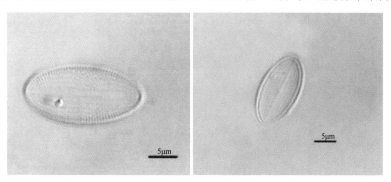

扁圆卵形藻 *Cocconeis placentula*

（32）扁圆卵形藻多孔变种 *Cocconeis placentula* var. *euglypta*

此变种与原变种的不同之处在于：细胞具假壳缝的一面横线纹粗、间断，横线纹间形成数条纵向波状空白条纹，在 10μm 内 16 ～ 28 条。细胞长 13 ～ 38μm，宽 7 ～ 20.5μm。

生境：生长在稻田、水坑、池塘、湖泊、水库、溪流、河流、沼泽中，多为中性到碱性水体，着生在潮湿的岩壁上。辽河流域广泛分布。鉴定标本采自孤家子断面。

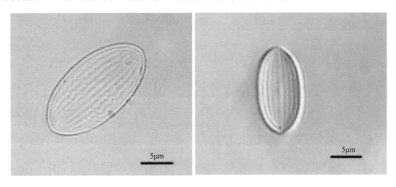

扁圆卵形藻多孔变种 *Cocconeis placentula* var. *euglypta*

4.3.5 双壳缝目 Biraphidinales

双壳缝目的主要特征是：细胞两个壳同形，每一个壳都有真壳缝。多数的羽纹硅藻都属于该目，双壳缝目分为 3 科。

双壳缝目分科检索表
1. 细胞壳面两端及两侧均对称·····························舟形藻科 Naviculaceae
1. 细胞壳面不对称···2
2. 细胞壳面两侧不对称·································桥弯藻科 Cymbellaceae
2. 细胞壳面两端不对称·····························异极藻科 Gomphonemaceae

舟形藻科分属检索表
1. 细胞具发达的间生带和隔膜，隔膜中央有一大的卵形穿孔，及互相平行的与边缘垂直的线状隙···胸隔藻属 *Mastogloia*
1. 细胞间生带有或缺，但无显著的隔膜·····································2
2. 壳面呈 "S" 形弯曲，具十字形的网状线纹·················布纹藻属 *Gyrosigma*
2. 壳面不弯曲···3

3. 壳缝两侧具由中央节延长的突起，突起外侧具线形至披针形的纵沟·······双壁藻属 *Diploneis*

3. 壳缝两侧无上述突起，如有亦无纵沟··4

　4. 中央节前后的垂直管向相同方向弯曲···5

　4. 中央节前后的垂直管向相反方向弯曲····················长箅藻属 *Neidium*

5. 壳缝两侧各具 1 条肋条，中央节略延长··················肋缝藻属 *Frustulica*

5. 壳缝两侧不具肋条，中央节不延长···6

　6. 壳面两侧具 1 条或多条空白间隙··7

　6. 壳面两侧无空白间隙···8

7. 空白间隙的纵纹呈 "Z" 形·································异菱藻属 *Anomoeoneis*

7. 空白间隙非 "Z" 形···美壁藻属 *Caloneis*

　8. 中心区增厚，辐节扩展到壳面的两侧·····················辐节藻属 *Stauroneis*

　8. 中心区不增厚，如有辐节也不扩展到壳面的两侧······································9

9. 壳面具平滑的横肋纹或 1 ～ 2 条纵条纹··················羽纹藻属 *Pinnularia*

9. 壳面具横线纹或横点纹··舟形藻属 *Navicula*

辽河流域常见属（种）

14. 胸隔藻属 *Mastogloia*

植物体为单细胞或由胶质互相黏连成泡状群体，常由丰富的胶质附着于基质上；壳面披针形、椭圆形、菱形或线形，末端钝圆、渐尖或喙状；上下壳面均具壳缝，壳缝直，其两侧具横线纹或点纹，中轴区狭窄，具小的中央节和极节；带面长方形，壳与壳环之间具一细的纵裂的长方形的中间隔膜，每一隔膜中部具一大型的卵形穿孔及互相平行而与两侧边缘垂直的细的线形穿孔，此穿孔为壳面花纹的一部分；色素体片状，具 1 个蛋白核。本属绝大部分种类为海生和咸水中，仅有少数种类生活于淡水中。

（33）施密斯胸隔藻 *Mastogloia smithii*

壳面椭圆形至椭圆披针形，末端多少有些延长呈亚喙状或亚头状。轴区很窄，中央区小，较模糊的近椭圆形或近方形。壳缝细线形。壳面横线纹由点组成，线纹平行或略微辐射状排列，中部长短相间，在 10 μm 内有 15 ～ 19 条，点纹在 10 μm 内有 14 ～ 17 条。隔室大小几乎相等，仅在两端隔室小，并距离壳面末端较远，在 10 μm 内有 6 ～ 8 个，隔室内缘突出。壳面长

20 ～ 45 μm，壳面宽 8 ～ 14 μm。

生境：淡水和半咸水，常生活在内陆湖泊、盐地、小水体环境中。鉴定标本采自汤河桥断面。

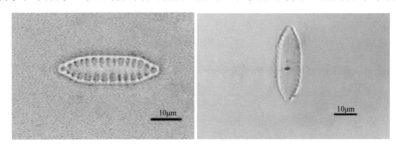

施密斯胸隔藻 *Mastogloia smithii*

15. 布纹藻属 *Gyrosigma*

植物体为单细胞，偶尔在胶质管内；壳面"S"形，从中部向两端逐渐尖细，末端渐尖或钝圆，中轴区狭窄，"S"形到波形，中部中央节处略膨大，具中央节和极节，壳缝"S"形弯曲，壳缝两侧具纵和横线纹十字形交叉构成的布纹；带面呈宽披针形，无间生带；色素体片状，2 个，常具几个蛋白核。已记载约 30 种，生长在淡水、半咸水和海水中，浮游，仅 1 种附着在基质上。

（34）锉刀布纹藻 *Gyrosigma scalproides*

壳面略呈"S"形、线形，于壳面长度的 2/3 处开始逐渐变细，末端钝圆。常有极微收缩。中轴区与壳缝偏心，斜的、微弱的"S"形。末端凿状，有时几乎对称。壳缝两端外面空间略呈"T"形。端节偏心，中央区小，长椭圆形或圆形。横线纹比纵线纹更清晰，中央区的线纹比两端线纹略粗些。壳面中部的横线纹或直或放射状，略弯曲或波状。在壳面中央区的两边的纵线纹向外弯曲。壳面中部横线纹在 10 μm 内有 20 ～ 24 条，纵线纹在 10 μm 内有 28 ～ 31 条。壳面长 25 ～ 56（～ 75）μm，壳面宽 5 ～ 10（～ 12）μm。

生境：普生性种类。广泛分布于流水及微碱性环境中。鉴定标本采自旧门桥断面。

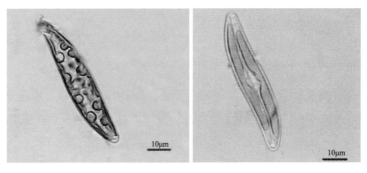

锉刀布纹藻 *Gyrosigma scalproides*

（35）库津布纹藻 *Gyrosigma kuetzingii*

壳面披针形，略呈"S"型，末端渐尖钝圆形。中轴区及壳缝略呈"S"形，极节略偏心，壳缝远端呈反向弯曲。中央区小，长椭圆形。纵线纹比横线纹细。壳面中部横线纹在 10μm 内有 20～23 条，纵线纹较细，在 10 μm 内有 22～28 条。壳面长 67～115（～140）μm，壳面宽 9～14（～18）μm。

生境：普生性种类。喜碱，微盐类，常出现于小溪、江河、湖泊及水库中。鉴定标本采自莫利水库。

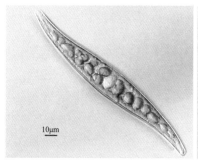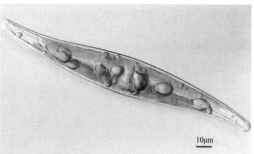

库津布纹藻 *Gyrosigma kuetzingii*

16. 双壁藻属 *Diploneis*

植物体为单细胞；壳面椭圆形、线形、卵圆形，末端钝圆；壳缝直，壳缝两侧具中央节侧缘延长形成的角状突起，其外侧具宽或狭的线形到披针形的纵沟，纵沟外侧具横肋纹或由点纹连成的横线纹；带面长方形，无间生带和隔片，色素体片状，2 个，每个具 1 个蛋白核。本属已记载约 65 种，多数为海产。

（36）卵圆双壁藻 *Diploneis ovalis*

壳面椭圆形到线形椭圆形，两侧缘边略突出；中央节很大，近圆形，角状突起明显、近平行，两侧纵沟狭窄，在中部略宽并明显弯曲；横肋纹粗，略呈放射状排列，在 10 μm 内 8～14 条，肋纹间具小点纹，在 10 μm 内 14～21 个。细胞长 20～100 μm，宽 9.5～35 μm。

生境：生长在稻田、水坑、池塘、湖泊、水库、河流、泉水、沼泽及半咸水中。辽河流域广泛分布。鉴定标本采自闹德海水库。

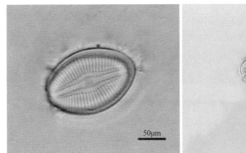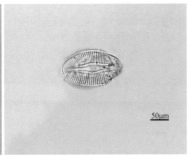

卵圆双壁藻 *Diploneis ovalis*

（37）卵圆双壁藻长圆变种 *Diploneis ovalis* var. *oblongella*

此变种与原变种的不同为壳面线形椭圆形，两侧平行，末端广圆形，横肋纹在 10μm 内 7～18 条，肋纹间具小点纹，在 10 μm 内 15～28 个。细胞长 14.5～111 μm，宽 7～44.5 μm。

生境：生长在池塘、湖泊、水库、河流、泉水中，淡水和半咸水。辽河流域广泛分布。鉴定标本采自大三家子断面。

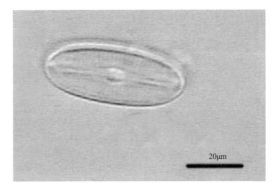

卵圆双壁藻长圆变种 *Diploneis ovalis* var. *oblongella*

17. 肋缝藻属 *Frustulia*

植物体为单细胞，浮游，有时胶质形成管状，管内每个细胞互相平行排列，着生；壳面披针形、长菱形、菱形披针形、线形披针形、舟形，中轴区中部具一短的中央节，两条硅质肋条从中央节向极节延伸，其顶端与极节相接，壳缝位于两肋条之间，壳缝两侧具纵线纹和横线纹，平行或略呈放射状排列；带面呈长方形，无间生带和隔膜；色素体片状，2 个。由 2 个母细胞的原生质体结合形成 2 个复大孢子。生长在淡水中，有的在半咸水中。

（38）微绿肋缝藻 *Frustulia viridula*

壳面线形披针形，向两端稍变狭，末端圆；横线纹很细，平行排列，横线纹和纵线纹在 10 μm 内 26～30 条。细胞长

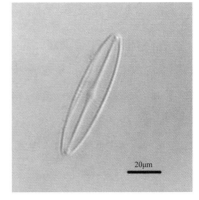

微绿肋缝藻 *Frustulia viridula*

$40 \sim 85\ \mu m$，宽 $12 \sim 20\ \mu m$。

生境：通常生长在低无机盐、低电导率的池塘、湖泊等水体中。鉴定标本采自汤河桥断面。

18. 美壁藻属 *Caloneis*

植物体为单细胞，壳面线形、狭披针形、线形披针形、椭圆形或提琴形，中部两侧常膨大；壳缝直，具圆形的中央节和极节，壳缝两侧横线纹互相平行，中部略呈放射状，末端有时略向极节；壳面侧缘内具 1 至多条与横线纹垂直交叉的纵线纹；带面长方形，无间生带和隔片；色素体片状，2 个，每个具 2 个蛋白核。生长在淡水、半咸水或海水中，浮游或着生生活。

（39）偏肿美壁藻 *Caloneis ventricosa*

壳面线形披针形，侧缘具 3 个波状突起，末端楔形到广圆形，壳缝直，从近极节略弯向一侧伸向中央节；中轴区线形披针形，中央区圆形，横线纹略呈放射状排列，在 $10\ \mu m$ 内 $14 \sim 27$ 条，两侧及近壳缘各具 1 条与横线纹交叉的纵线纹。细胞长 $25 \sim 120\ \mu m$，宽 $6 \sim 20\ \mu m$。

生境：生长在湖泊、水库、池塘、水沟、水坑、泉水、河流、沼泽或半咸水中。辽河流域广泛分布。鉴定标本采自汤河桥断面。

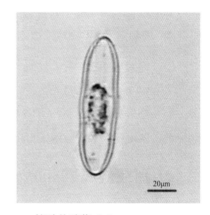

偏肿美壁藻 *Caloneis ventricosa*

19. 辐节藻属 *Stauroneis*

植物体为单细胞，少数连成带状的群体；壳面长椭圆形、狭披针形、舟形，末端头状、钝圆形或喙状；中轴区狭，壳缝直，极节很细，中央区增厚并扩展到壳面两侧，增厚的中央区无花纹，称为辐节；壳缝两侧具横线纹或点纹，略呈放射状的平行排列，辐节和中轴区将壳面花纹分成 4 个部分；具间生带，但是无真的隔片，假隔片有或无；色素体片状，2 个，每个具 $2 \sim 4$ 个蛋白核。由 2 个母细胞的原生质体分别形成 2 个配子，互相成对结合形成 2 个复大孢子。已记载 35 种，生长在淡水和海水中。

（40）双头辐节藻 *Stauroneis anceps*

壳面椭圆披针形到线形披针形，两端喙状延长，末端

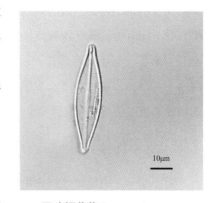

双头辐节藻 *Stauroneis anceps*

呈头状；壳缝直、狭窄，中轴区狭窄，中央区横带状，点纹组成的横线纹略呈放射状排列，在 10 μm 内 12 ～ 30 条，细胞长 21 ～ 96 μm，宽 5 ～ 24 μm。

生境：生长在水坑、池塘、湖泊、河流、泉水、沼泽中。鉴定标本采自老官砬子断面。

（41）威兹罗克辐节藻 Stauroneis wislouchii

壳面线形至椭圆披针形，壳缘在横向上微微突出，末端短而延长的钝圆形。轴区非常细，在中部几乎是披针形的加宽，中央辐节窄，线形横向直达壳缘，有时向边缘几乎无明显的加宽或有时在边缘有短的线纹。壳缝直，细线形。壳面横线纹微辐射状排列，线纹细密，由细点纹组成，点线纹在 10 μm 内靠近中部有 18 条，向末端可达 32 条。壳面长 24 ～ 32.5 μm，壳面宽 6.6 ～ 10 μm。

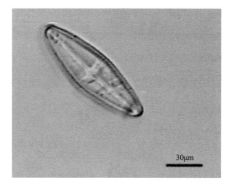

威兹罗克辐节藻 Stauroneis wislouchii

生境：淡水至半咸水，生活在咸水湖泊、河边小泉、溪流、洼地、湖畔积水坑、盐湖沼泽化小水坑环境中。鉴定标本采自邱家断面。

20. 羽纹藻属 Pinnularia

植物体为单细胞或连成带状群体，上下左右均对称；壳面线形、椭圆形、披针形、线形披针形、椭圆披针形，两侧平行，少数种类两侧中部膨大或呈对称的波状，两端头状、喙状，末端钝圆；中轴区狭线形、宽线形或宽披针形，有些种类超过壳面宽度的 1/3，中央区圆形、椭圆形、菱形、横矩形等，具中央节和极节；壳缝发达，直或弯，或构造复杂，形成复杂壳缝，其两侧具粗或细的横肋纹，每条肋纹是 1 条管沟，每条管沟内具 1 ～ 2 个纵隔膜，将管沟隔成 2 ～ 3 个小室，有的种类由于肋纹的纵隔膜形成纵线纹，一般壳面中间部分的横肋纹比两端的横肋纹略为稀疏，在种类的描述中，在 10 μm 内的横肋纹数指壳面中间部分的横肋纹数；带面长方形，无间生带和隔片；色素体片状，较大，2 个，各具 1 个蛋白核。生长在淡水、半咸水及海水中，本属为硅藻门中种类最多的属之一。目前全世界已记载约 200 种。

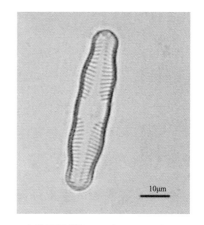

（42）中狭羽纹藻 Pinnularia mesolepta

壳面线形，两侧缘各具 3 个波纹，中间的 1 个波纹比另 2 个略小，近两端明显收缩，末端喙状到头状；中轴区宽度

中狭羽纹藻 Pinnularia mesolepta

小于壳面宽度的 1/4，中央区大、菱形或横宽带状；壳缝线形，两侧的横肋纹在中部明显呈放射状斜向中央区，两端斜向极节，在 10 μm 内 10 ～ 14 条。细胞长 30 ～ 65 μm，宽 6 ～ 12 μm。

　　生境：喜低矿物含量、弱酸性到中性的水体，生长在稻田、水坑、池塘、湖泊、水库、河流、溪流、沼泽中。辽河流域广泛分布。鉴定标本采自黄河子断面。

（43）分歧羽纹藻 *Pinnularia divergens*

　　壳面线形到线形披针形，两端略延长呈喙状，末端圆形；中轴区宽度为壳面宽度的 1/4 ～ 1/3，向中央区逐渐加宽，中央区横宽带状，中央区每一侧有 1 个圆形的增厚；壳缝线形，其两侧横肋纹在中部明显放射状斜向中央节，近两端明显斜向极节，在 10 μm 内 9 ～ 12 条。细胞长 50 ～ 140 μm，宽 13 ～ 20 μm。

　　生境：生长在低矿物质含量和冷水性的水体中，普生种类。鉴定标本采自清源上断面。

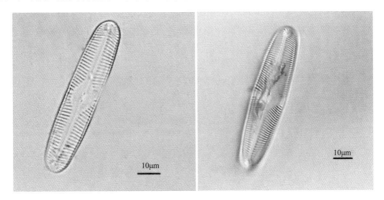

分歧羽纹藻 *Pinnularia divergens*

（44）间断羽纹藻 *Pinnularia interrupta*

　　壳面线形，两侧缘平行或略凸出，两端变狭呈喙状到头状；中轴区狭、线形，近中央区略加宽，中央区大、菱形，有时圆或横带状；壳缝线形，其两侧的横肋纹在中部明显呈放射状斜向中央区，两端斜向极节，在 10 μm 内 9 ～ 16 条。细胞长 30 ～ 80 μm，宽 6.5 ～ 16 μm。

　　生境：生长在稻田、水坑、池塘、湖泊、水库等，喜低矿物质含量的水体。辽河流域广泛分布。鉴定标本采自黄河子断面。

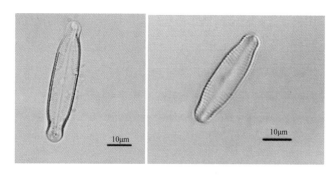

间断羽纹藻 *Pinnularia interrupta*

21. 舟形藻属 *Navicula*

本属是硅藻门中最大的属，已记载超过 1 000 种，海产和淡水产。植物体为单细胞，浮游；壳面线形、披针形、菱形、椭圆形，两侧对称，末端钝圆、近头状或喙状；中轴区狭窄，线形或披针形，壳缝线形，具中央节和极节，中央节圆形或椭圆形，有的种类极节扁圆形，壳缝两侧具点纹组成的横线纹，或布纹、肋纹、窝孔纹，一般壳面中间部分的线纹数比两端的线纹数略为稀疏，在种类的描述中，在 10 μm 内的线纹数指壳面中间部分的线纹数；带面长方形，平滑，无间生带，无真的隔片；色素体片状或带状，多为 2 个，罕为 1 个、4 个或 8 个。由 2 个母细胞的原生质体分裂，分别形成 2 个配子，互相成对结合形成 2 个复大孢子。

（45）长圆舟形藻 *Navicula oblonga*

壳面线形至略披针形，末端广圆形，中轴区狭窄，约为壳面宽的 1/4。壳缝线状具明显的端节。中心区横向圆形（略菱形）。横线纹粗，大部分呈放射状排列，接近壳面末端横线纹呈弯曲状。末端线纹斜向极节。线纹在 10 μm 内有 6～9 条。壳面长 70～220 μm，壳面宽 13～24 μm。

生境：淡水普生性种类，更喜生长在富含矿物质、碱性或半咸水的水体中。鉴定标本采自海日苏断面。

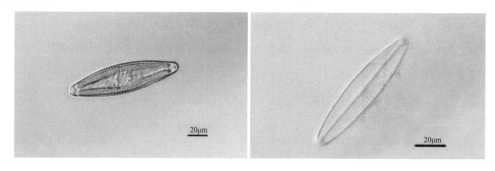

长圆舟形藻 *Navicula oblonga*

（46）**类嗜盐舟形藻** *Navicula halophilioides*

细胞很小，带面观呈窄长方形。壳面披针形，末端略呈喙状。壳面长 13 ～ 24 μm，壳面宽 3 ～ 6 μm，壳缝直线形，很细，轴区窄线形，中心区不放宽。横线纹垂直于中轴区或轻微呈放射状排列。壳面中部线纹稍长，清晰，在 10 μm 内约为 18 条。

生境：为半咸水种类。辽河流域河口地区广泛分布。鉴定标本采自耿家桥断面。

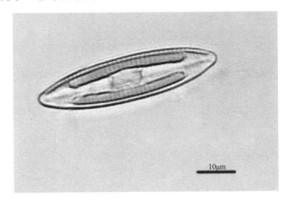

类嗜盐舟形藻 *Navicula halophilioides*

（47）**扁圆舟形藻** *Navicula placentula*

壳面椭圆披针形，向两端逐渐狭窄，两端略延长，末端钝喙状；中轴区狭窄、线形，中央区中等大小，圆形到横椭圆形，壳缝两侧的横线纹粗，全部呈放射状斜向中央区，在 10 μm 内 6 ～ 9 条。细胞长 30 ～ 70 μm，宽 14 ～ 28 μm。

生境：多生长在贫营养的水体中，pH 偏碱性，有时生长在温暖的水体中。鉴定标本采自甸子断面。

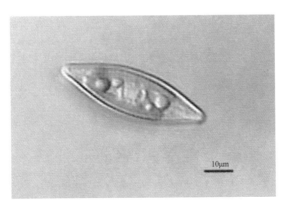

扁圆舟形藻 *Navicula placentula*

（48）线形舟形藻 *Navicula gracilis*

壳面线形披针形，两端逐渐狭窄，略呈楔形，末端钝圆，略呈头状；中轴区狭窄，中央区横矩形，壳缝两侧的横线纹明显放射状斜向中央区，两端斜向极节，在 10 μm 内 10 ～ 13 条。细胞长 30 ～ 40 μm，宽 6 ～ 8 μm。

生境：生长在水坑、池塘、湖泊、水库等淡水水体中，pH 近中性，也生长在微咸水中。鉴定标本采自汤河水库出库口。

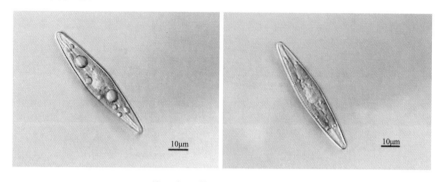

线形舟形藻 *Navicula gracilis*

（49）放射舟形藻柔弱变种 *Navicula radiosa* var. *tenella*

此变种与原变种的不同之处在于：壳面披针形，中轴区狭，在中央区略扩大，中央区中间的一条横线纹比其他的横线纹长，几乎达中央节，横线纹较粗，两端近平行，在 10 μm 内 13 ～ 17 条。细胞长 27 ～ 31 μm，宽 5 ～ 6 μm。

生境：生长在稻田、水坑、池塘、湖泊等。鉴定标本采自大三家子断面。

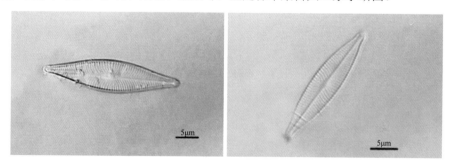

放射舟形藻柔弱变种 *Navicula radiosa* var. *tenella*

（50）尖头舟形藻含糊变种 *Navicula cuspidata* var. *ambigua*

此变种与原变种的不同之处在于：细胞两端具明显的喙状凸出，横线纹较细，在 10 μm 内

14 ～ 20 条，纵线纹在 10 μm 内 25 ～ 32 条。细胞长 49 ～ 79.5 μm，宽 13 ～ 22 μm。

　　生境：生长在稻田、水坑、池塘、水库、湖泊、河流、沼泽中。辽河流域广泛分布。鉴定标本采自增家寨断面。

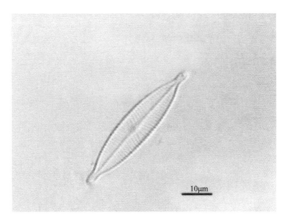

尖头舟形藻含糊变种 *Navicula cuspidata* var. *ambigua*

（51）嗜苔藓舟形藻疏线变种 *Navicula bryophila* var. *paucistriata*

　　壳面宽线形，两侧缘平行，末端突然渐狭，略延长呈喙状或宽头状，轴区极窄，线形，中心区稍大，近圆形，末顶端具线纹。本变种与原变种的主要差异在于横线纹较疏，在 10 μm 内 11 ～ 13 条。壳面长 33 ～ 34 μm，宽 7 ～ 7.5 μm。

　　生境：淡水普生种，常与苔藓混生。鉴定标本采自邱家断面。

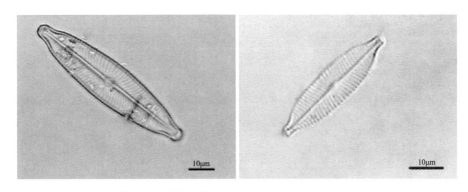

嗜苔藓舟形藻疏线变种 *Navicula bryophila* var. *paucistriata*

桥弯藻科分属检索表

细胞带面两侧弧形···双眉藻属 *Amphora*

辽河流域藻类监测图鉴
LIAOHE LIUYU ZAOLEI JIANCE TUJIAN

细胞带面两侧平行························桥弯藻属 *Cymbella*

辽河流域常见属（种）

22. 双眉藻属 *Amphora*

本属已记载约 150 种，多数为海产。多数种类为单细胞，着生或浮游。细胞似橙子果瓣；新月形，末端钝圆形或两端延长呈头状；中轴区更明显的偏于壳面凹入的一侧。带面椭圆形，末端截形，从带面可见上下壳的壳缝和由点连成的长线状的间生带，不具隔膜。

（52）卵圆双眉藻 *Amphora ovalis*

壳面新月形，背缘凸出，腹缘凹入，末端钝圆形；中轴区狭窄，中央区仅在腹侧明显；壳缝略呈波状，由点纹组成的横线纹在腹侧中部间断，末端斜向极节，在背侧呈放射状排列，在 10 μm 内 9～16 条；带面广椭圆形，末端截形，两侧边缘弧形。壳面长 20～140 μm，宽6～9.5 μm。

生境：生长在稻田、水坑、池塘、湖泊、水库、河流、溪流、沼泽及潮湿岩壁上。辽河流域广泛分布。鉴定标本采自旧门桥断面。

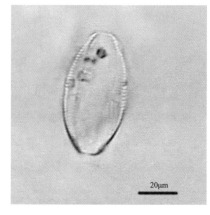

卵圆双眉藻 *Amphora ovalis*

23. 桥弯藻属 *Cymbella*

本属已记载约 100 种，主要是淡水产的，少数生长在半咸水中。单细胞，浮游或着生；着生种类细胞位于胶质柄的顶端或在分枝的胶质管中。壳面具明显的背、腹两侧；背侧突出，腹侧平直或中部略突出；形状多样。

（53）膨大桥弯藻 *Cymbella turgid*

壳面半椭圆形，两侧明显不对称，背侧非常突出，腹侧几乎平直，中部稍凸。壳面长15～60（～100）μm，壳面宽 6～13 μm，末端细圆。中轴区相当狭窄，线状，中部微宽，中心区不明显。壳缝直线形，较明显偏于腹侧，极节远离末端，极隙向腹侧弯曲。横线纹明显由

134

点纹组成,在 10 μm 内背侧中部有 7～12 条,呈放射状排列,两端有 10～16 条,腹侧中部有 8～13 条,两端有 10～18 条。

生境:淡水种,在淡水环境中无处不在。但数量不多,在碱水的静水体潮间带中,在岩石上和苔藓植物上可大量繁殖;是热带水体的典型种类,也是贫营养水体的指示种类。鉴定标本采自海日苏断面。

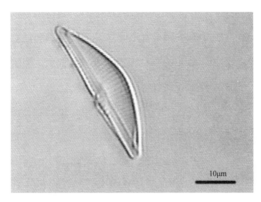

膨大桥弯藻 *Cymbella turgid*

（54）箱形桥弯藻 *Cymbella cistula*

壳面新月形,有明显背腹之分,背缘突出,腹缘凹入,其中部略突出,末端钝圆到截圆;中轴区狭窄,中央区略扩大,多少呈圆形;壳缝偏于腹侧、弓形,末端呈勾形斜向背缘,腹侧中央区具 3～6 个单独的点纹,横线纹呈放射状斜向中央区,在中部近平行,背侧中部 10 μm 内 5～12 条,腹侧中部 10 μm 内 6～11 条,横线纹明显由点纹组成,10 μm 内 18～20 个。细胞长 31～180 μm,宽 10～36 μm。

生境:生长在稻田、水坑、池塘、湖泊、水库、河流、溪流、泉水、沼泽及潮湿岩壁上。辽河流域广泛分布。鉴定标本采自辽河源断面。

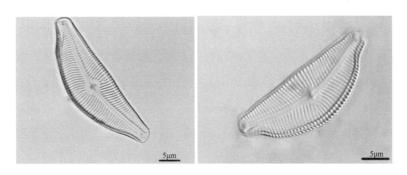

箱形桥弯藻 *Cymbella cistula*

（55）平卧桥弯藻 *Cymbella prostrate*

壳面半椭圆形，两侧不对称，背侧边缘明显弓形弯曲，腹侧边缘平稳地突出或膨胀，末端宽椭圆形，常稍长略弯向腹侧。轴区线形，偏心或在近壳面的中线上，中心区较小，圆形或近菱形或不清楚。壳缝几乎直线形，近端节为圆形并突然向背侧弯曲；远端在近末端节处突然向腹侧弯曲，横线纹宽粗，壳面中部呈放射状排列。两端呈平行或斜向极节。在末顶端连续存在线纹。横线纹在壳面中部 10 μm 内有 7 ～ 9 条，末端有 10 ～ 11 条；在 10μm 内有点纹 20 个。壳面长 40 ～ 80 μm，壳面宽 14 ～ 30 μm。本种最显著特征是：壳面形状宽粗，奇特的近端节及远端缝。

生境：淡水寡盐种类及微咸水种类。广泛生活于淡水各类型水体及潮湿岩石上的底栖生物及附着物上。鉴定标本采自清河石塔断面。

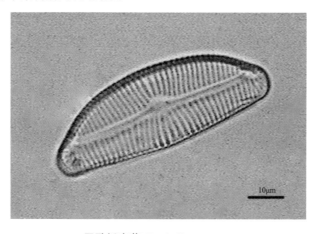

平卧桥弯藻 *Cymbella prostrate*

（56）新月形桥弯藻 *Cymbella cymbiformis*

壳面新月形，有背腹之分，背缘突出，腹缘除中部略突出外略凹入或平直，逐渐向两端呈圆锥形，末端钝圆；中轴区狭窄，中央区绝大多数略向腹侧扩大；壳缝略偏于腹侧，弓形，末端呈勾形斜向背缘，腹侧中央区具 1 个单独的点纹，横线纹明显呈放射状斜向中央区，背侧中部 10 μm 内有 6 ～ 9 条，腹侧中部 10 μm 内有 10 ～ 14 条，横线纹由点纹组成，10 μm 内18 ～ 20 个。细胞长 30 ～ 100 μm，宽 9 ～ 16 μm。

生境：生长在稻田、水坑、池塘、湖泊、水库、河流、溪流、泉水、沼泽及潮湿岩壁上。辽河流域广泛分布。鉴定标本采自腰寨子断面。

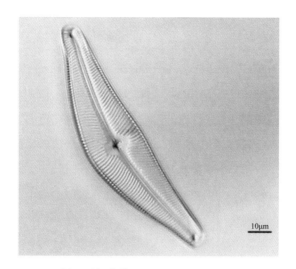

新月形桥弯藻 *Cymbella cymbiformis*

（57）艾伦拜格桥弯藻 *Cymbella ehrenbergii*

壳面广椭圆形至菱形披针形，两侧不对称，末端钝圆形，常略呈喙形，壳面长 50 ～ 120 μm，壳面宽 15 ～ 50 μm；中轴区呈宽披针形，中心区呈圆形；壳缝直，略偏于腹侧；横线纹粗，呈放射状排列，在 10 μm 内背侧中部有 5 ～ 9 条，两端有 9 ～ 15 条，腹侧中部有 7 ～ 10 条，两端有 11 ～ 16 条。末顶端具线纹。

生境：淡水普生性种类。广泛分布于河流、湖泊、水库的沿岸带。鉴定标本采自黄河子断面。

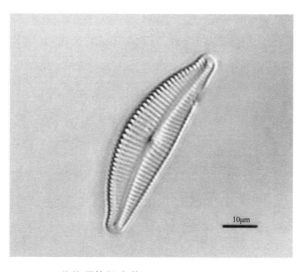

艾伦拜格桥弯藻 *Cymbella ehrenbergii*

（58）弯曲桥弯藻 *Cymbella sinuata*

壳面线形，两侧略不对称，腹侧边缘从几乎平稳突出至呈波状，背侧边缘略突起，末端广圆，个别也有稍长的末端。壳面长 12～40 μm，壳面宽 3～9 μm；中轴区极窄；中心区横向放宽在壳面腹侧可达到壳缘。壳缝略偏腹侧，通常为直线形，也有的略弯曲。极隙狭小，伸向腹侧缘。在背侧中心节旁与横线纹之间有 1 个单独的点纹；横线纹略呈放射状排列，有的几乎呈平行排列，在 10 μm 内在背侧有 8～15 条，腹侧有 10～14 条。

生境：为淡水沿岸带普生性种类。在贫营养与富营养水体中均可存在，特别在岩石与苔藓植物的附着物上大量存在。鉴定标本采自清源上断面。

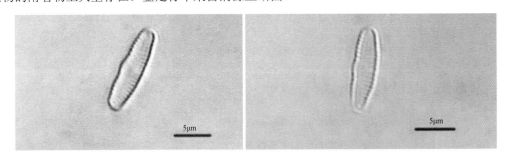

弯曲桥弯藻 *Cymbella sinuata*

（59）偏肿桥弯藻 *Cymbella ventricosa*

壳面半椭圆形，两侧明显不对称，背侧边缘十分突出，腹侧边缘平直，中部常稍突出。壳面长 10～40 μm，壳面宽 5～12 μm，末端细圆，稍弯向腹侧。中轴区狭窄，中部稍宽，壳缝直线形，明显偏于腹侧，极隙短小，伸向腹侧。横线纹由细点纹组成，在壳面中部呈放射状排列，两端斜向极节，背侧在 10 μm 内有线纹 8～17 条，两端较密，腹侧在 10 μm 内有 8～24 条，点纹在 10 μm 内有 33～35 个。

生境：淡水沿岸种类。多大量生活于各类水体的附着物和两栖生物上。鉴定标本采自滚马岭断面。

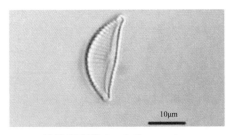

偏肿桥弯藻 *Cymbella ventricosa*

（60）偏肿桥弯藻西里西亚变种 *Cymbella ventricosa* var. *silesiaca*

本变种与原变种的主要区别在于：本变种壳面的大小常比原变种大，线纹数及线纹的点纹数均较原变种少。另外，本变种在中心区的背侧有 1 个比较清晰的孤立点纹。壳面长 18 ～ 40 μm，壳面宽 7 ～ 9 μm，横线纹在壳面中部每 10μm 内有 11 ～ 13 条，两端在 10 μm 内有 16 条，在 10 μm 内点纹有 26 ～ 28 个。

生境：淡水沿岸种类。多大量生活于各类水体的附着物和两栖生物上。鉴定标本采自滚马岭断面。

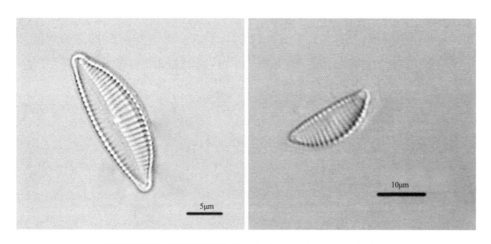

偏肿桥弯藻西里西亚变种 *Cymbella ventricosa* var. *silesiaca*

异极藻科分属检索表

细胞壳面两端和两侧均不对称⋯⋯⋯⋯⋯⋯⋯⋯⋯⋯⋯⋯⋯双楔藻属 *Didymosphenia*

细胞壳面两端不对称，两侧对称⋯⋯⋯⋯⋯⋯⋯⋯⋯⋯⋯⋯异极藻属 *Gomphonema*

辽河流域常见属（种）

24. 异极藻属 *Gomphonema*

本属已记载约 100 种，多数淡水产种类，海产种类较少。细胞楔形，依纵轴对称，而对横轴不对称，一端较另一端宽，两极形状不同，故称异极。细胞借助胶质柄而固着在基质上，或堆聚在胶质块上，有时细胞从胶质柄落下成为偶然性浮游。中轴区狭窄，直壳缝位于中轴区的中央；具明显的中央节和极节。横线纹由粗点纹或细点纹组成，略呈放射状排列，有的在中央节一侧有一个孤立点。壳面截形，末端截形。常在急流的小河中生活。

（61）橄榄绿异极藻 *Gomphonema olivaceum*

壳面卵形棒状，前端广圆形，中部最宽，下端逐渐狭窄；中轴区狭窄、线形，中央区横向放宽，无单独的点纹，横线纹略呈放射状排列，而在中部长度不规则，在中间部分 10 μm 内 10 ～ 16 条。细胞长 12.5 ～ 40 μm，宽 3.5 ～ 10 μm。在扫描电镜下观察到壳面横线纹除中轴区和中央区外，由两列点纹组成。

生境：生长在稻田、水坑、池塘、湖泊、水库、河流、溪流、沼泽中，喜冷水性、含钙的硬水环境，附着在潮湿的岩壁上。辽河流域广泛分布。鉴定标本采自浑河源断面。

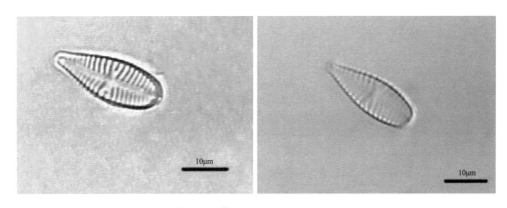

橄榄绿异极藻 *Gomphonema olivaceum*

（62）缠结异极藻 *Gomphonema intricatum*

壳面线形棒状，前端宽钝圆头状，中部膨大，下端明显逐渐狭窄；中轴区中等宽度，中央区宽，在其一侧具 1 个单独的点纹，壳缝两侧的横线纹呈放射状排列，在中间部分 10 μm 内 8 ～ 11 条。细胞长 25 ～ 70 μm，宽 5 ～ 9 μm。

生境：生长在稻田、水坑、池塘、湖泊、水库、河流、溪流、泉水、沼泽中，喜弱碱性水体，附着在潮湿的岩壁上。辽河流域广泛分布。鉴定标本采自黄河子断面。

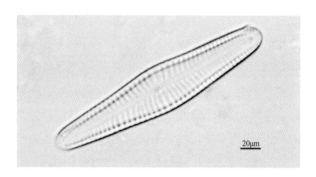

缠结异极藻 *Gomphonema intricatum*

（63）**缢缩异极藻** *Gomphonema constrictum*

壳面棒状，上部宽，前端平广圆形或头状，上部和中部之间具有一个明显的缢缩，从中部到下端逐渐狭窄；中轴区狭窄，中央区横向放宽，其两侧的横线纹长短交替排列，在其一侧具1个单独的点纹，壳缝两侧由点纹组成的横线纹呈放射状排列，在中间部分 10 μm 内 10 ～ 14 条。细胞长 25 ～ 65 μm，宽 4.5 ～ 14 μm。

生境：生长在稻田、水坑、池塘、湖泊、水库、河流、溪流、沼泽中。辽河流域广泛分布。鉴定标本采自清源上断面。

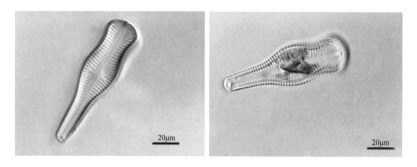

缢缩异极藻 *Gomphonema constrictum*

（64）**小形异极藻** *Gomphonema parvulum*

壳面棒状披针形，逐渐向前变狭，前端喙状或短头状，中部最宽，向下端逐渐狭窄，末端狭圆；中轴区很狭，中央区狭小、不明显，在其一侧具1个单独的点纹，壳缝两侧的横线纹在中部近平行，在两端呈放射形状排列，在中间部分 10 μm 内 10 ～ 16 条。细胞长 12 ～ 30 μm，宽 4 ～ 7 μm。

生境：生长在稻田、水坑、池塘、湖泊、水库、河流、溪流、沼泽中，喜富营养水体，附着在潮湿的岩壁上。鉴定标本采自谢家屯断面。

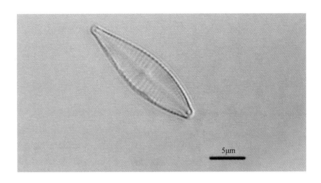

小形异极藻 *Gomphonema parvulum*

（65）**具球异极藻** *Gomphonema sphaerophorum*

壳面宽披针形，两端伸长，上部有一明显的缢缩的头状末端，下端窄长有微凹小头端，或壳面棒状具头状顶端及稍狭窄的下端。壳面长 23 ～ 30（～ 47）μm，壳面宽 5 ～ 9 μm，轴区窄披针形，中央区小，有 1 个独立点纹。横线纹略呈放射状排列，在 10 μm 内中部有 10 ～ 16 条，两端有 18 ～ 20 条。

生境：本种为稀有的淡水种类。鉴定标本采自海城河桥断面。

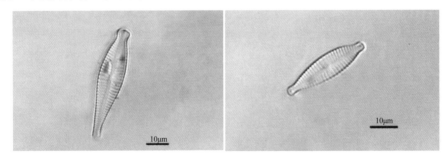

具球异极藻 *Gomphonema sphaerophorum*

（66）**纤细异极藻** *Gomphonema gracile*

壳面披针形，前端尖圆形，从中部向两端逐渐狭窄；中轴区狭窄、线形，中央区小、圆形并略横向放宽，在其一侧具 1 个单独的点纹，壳缝两侧的横线纹呈放射形状排列，在中间部分 10 μm 内 9 ～ 17 条。细胞长 25 ～ 70 μm，宽 4 ～ 11 μm。

生境：生长在稻田、水坑、池塘、湖泊、水库、河流、溪流、泉水、沼泽中，喜贫营养水环境，适应较宽的 pH 及电导率，

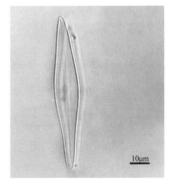

纤细异极藻 *Gomphonema gracile*

附着在潮湿的岩壁上。辽河流域广泛分布。鉴定标本采自滴台头断面。

（67）尖异极藻 *Gomphonema acuminatum*

壳面呈楔状，棒形，上端宽大，延长收缩成喙头状顶端，中部略突出，下端明显逐渐狭窄，壳面长 20 ～ 70 μm，壳面宽 5 ～ 11 μm；中轴区狭窄，中心区稍宽，在其一侧有 1 个单独的点纹；红线纹呈放射状排列，在 10 μm 内中部有 6 ～ 10 条，两端有 10 ～ 12 条。

生境：淡水普生性种类。广泛分布于各类淡水水体的沿岸带，特别是静止的硬水中。鉴定标本采自二寨子断面。

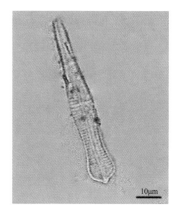

尖异极藻 *Gomphonema acuminatum*

（68）**尖异极藻花冠变种** *Gomphonema acuminatum* var. *coronatum*

此变种与原变种的不同之处在于：细胞壳面上端具翼状凸出，前部和中部之间收缢深，横线纹在中间部分 10 μm 内 8 ～ 12 条。细胞长 41 ～ 100 μm，宽 6 ～ 10 μm。

生境：生长在稻田、水坑、池塘、湖泊、水库及沼泽中。辽河流域广泛分布。鉴定标本采自大三家子断面。

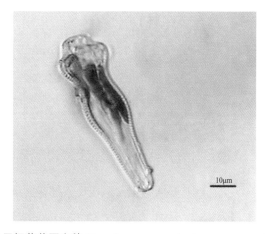

尖异极藻花冠变种 *Gomphonema acuminatum* var. *coronatum*

（69）**尖异极藻塔状变种** *Gomphonema acuminatum* var. *turris*

壳面略双缢缩，上端末端呈楔圆形；中心区对称或一侧稍横向伸延；壳面长 28.5 ～ 47（～ 59）μm，壳面宽 6 ～ 8.5（～ 11）μm，横线纹在壳面中部 10 μm 内 8 ～ 10 条，上下两端有 12 ～ 16 条。

生境：广泛生长在各种淡水水体中。辽河

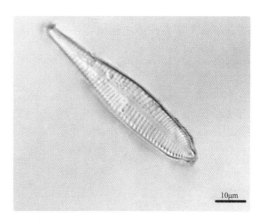

尖异极藻塔状变种 *Gomphonema acuminatum* var. *turris*

流域广泛分布。鉴定标本采自黄河子断面。

（70）偏肿异极藻 *Gomophonema ventricosum*

壳面棒形，壳面中部是壳面的最宽处，两端渐窄，下端比上端更窄细，上端的末端呈宽钝圆，下端的末端近头状。轴区宽为壳面宽的1/4～1/3。壳面长（19～）30～56 μm，壳面宽9～11 μm；壳缝狭窄，线形，端节清晰具明显长的极隙，轴区狭窄，中央区大，横向圆形，在中央节一侧有1个孤立点。横线纹呈放射状排列，在顶端几乎平行排列，在下端的末端呈放射状排列。在10 μm内有11～13（～18）条。

生境：高山寒冷淡水种类。广泛分布在泉水和各种水体的附着物上。鉴定标本采自闹德海水库。

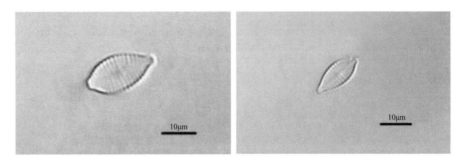

偏肿异极藻 *Gomophonema ventricosum*

（71）短纹异极藻 *Gomphonema abbreviatum*

壳面线形棒状，上部末端比下部宽大呈钝圆形，下部明显狭窄，细长，或上下末端在形状上极为相似，壳面长7.5～30（34）μm，壳面宽2.5～6 μm；中轴区与中心区连合形成宽披针形空白无纹区；壳缝直；中心区无单独的孤立点纹；横线纹极短，略呈放射状排列，壳面上部在10 μm内有12～20条，下部在10 μm内有12～14条。

生境：淡水普生性种类。在微咸水体、河流、湖泊及水库中均有分布。鉴定标本采自马虎山断面。

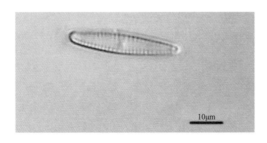

短纹异极藻 *Gomphonema abbreviatum*

4.3.6 管壳缝目 Aulonoraphidinales

管壳缝目主要特征是壳面具有管壳缝。包含 3 个科。

管壳缝目分科检索表

1. 管壳缝常在壳面上作角状曲折或位于背侧边缘⋯⋯⋯⋯⋯窗纹藻科 Epithcmlaceac
1. 管壳缝在壳面上不作角状曲折⋯⋯⋯⋯⋯⋯⋯⋯⋯⋯⋯⋯⋯⋯2
  2. 管壳缝位于壳面的中部或偏于一侧边缘⋯⋯⋯⋯⋯菱形藻科 Nitzschiaceae
  2. 管壳缝围绕着整个壳缘⋯⋯⋯⋯⋯⋯⋯⋯⋯⋯双菱藻科 Surirellaceae

窗纹藻科分属检索表

1. 壳面多呈弓形，具明显的龙骨，管壳缝的内壁无通入细胞内的小孔⋯⋯棒杆藻属 *Rhopalodia*
1. 壳面呈舟形或弧形弯曲，具不明显的龙骨或无，管壳缝的内壁具通入细胞内的小孔⋯⋯2
  2. 壳面无背腹两侧之分，管壳缝不呈 "V" 形曲折⋯⋯⋯⋯细齿藻属 *Denticula*
  2. 壳面具背腹两侧之分，管壳缝呈 "V" 形曲折⋯⋯⋯⋯窗纹藻属 *Epithemia*

辽河流域常见属（种）

25. 窗纹藻属 *Epithemia*

植物体为单细胞，浮游或附着在基质上；壳面略弯曲，弓形、新月形，左右两侧不对称，有背侧和腹侧之分，背侧突出，腹侧凹入或近于平直，末端钝圆或近头状，腹侧中部具 1 条 "V" 形的管壳缝，管壳缝内壁具多个圆形小孔通入细胞内，具中央节和极节，但在光学显微镜下不易看到，壳面内壁具横向平行的隔膜，构成壳面的横肋纹，两条横肋纹之间具 2 列或 2 列以上与肋纹平行的横点纹或窝孔状的窝孔纹，有些种类在壳面和带面结合处具 1 个纵长的隔膜；带面长方形；色素体 1 个，侧生，片状。每 2 个母细胞的原生质体分裂形成 2 个配子，2 对配子结合形成 2 个复大孢子。生长在淡水和半咸水中，多数种类以腹面附着在水生高等植物或其他基质上。目前全世界已记载 26 种。

（72）鼠形窗纹藻 *Epithemia sorex*

壳面弓形，背缘略突出，腹缘略凹入，两端略延长，末端头状，略向背侧弯曲；腹侧中部具 1 条"V"形的管壳缝，横肋纹粗，呈放射状排列，具很薄的隔膜。细胞长 15～65 μm，宽 7～15 μm。

生境：生长在水坑、池塘、湖泊、河流、溪流、沼泽中。鉴定标本采自二道河桥断面。

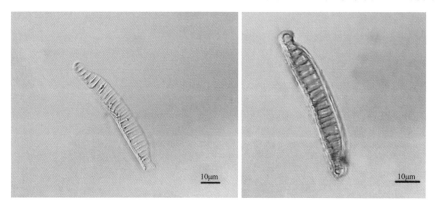

鼠形窗纹藻 *Epithemia sorex*

菱形藻科分属检索表
细胞上下壳的龙骨突起互相平行，细胞横断面呈矩形·····················菱板藻属 *Hantzschia*
细胞上下壳的龙骨突起彼此交叉相对，细胞横断面呈菱形·····················菱形藻属 *Nitzschia*

辽河流域常见属（种）

26. 菱形藻属 *Nitzschia*

植物体多为单细胞，或形成带状或星状的群体，或生活在分枝或不分枝的胶质管中，浮游或着生。细胞纵长，直或"S"形，壳面线形、披针形，罕为椭圆形，两侧边缘缢缩或不缢缩，两端渐尖或钝，末端楔形、喙状、头状、尖圆形；壳面的一侧具龙骨突起，龙骨突起上具管壳缝，管壳缝内壁具许多通入细胞内的小孔，称为"龙骨点"，龙骨点明显，上下两个壳的龙骨突起彼此交叉相对，具小的中央节和极节，壳面具横线纹；细胞壳面和带面不成直角，因此横断面呈菱形；色素体 2 个（少数 4 ～ 6 个），侧生，带状。2 个母细胞原生质体分裂分别形成 2 个配子，成对配子结合形成 2 个复大孢子。目前全世界已记载约 600 种。

（73）谷皮菱形藻 *Nitzschia palea*

壳面线形、线形披针形，两侧边缘近平行，两端逐渐狭窄，末端楔形；龙骨点在 10 μm 内 10 ～ 15 个，横线纹细，在 10 μm 内 30 ～ 40 条。细胞长 20 ～ 65 μm，宽 2.5 ～ 5.5 μm。

生境：生长在稻田、水坑、池塘、湖泊、水库、河流、溪流、温泉、沼泽中。鉴定标本采自闹德海水库。

谷皮菱形藻 *Nitzschia palea*

（74）窄菱形藻 *Nitzschia angustata*

壳面线状披针形，大部分具平行边缘，少数腹边缘平直，背边缘弓形，末端楔形收缩，钝圆形，龙骨点不明显，管壳缝不太清晰。横线纹在壳面中间不间断，在 10 μm 内横线纹有 11 ～ 16 条。壳面长 22 ～ 93 μm，壳面宽 5 ～ 10 μm。

生境：淡水微盐种类。广泛分布于各种类型水体的底部土壤中及潮湿的山岩上。鉴定标本采自胜利塘断面。

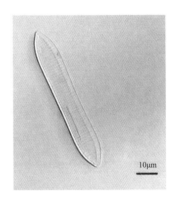

窄菱形藻 *Nitzschia angustata*

（75）近线形菱形藻 *Nitzschia sublinearis*

壳面线形，两侧边缘近平行，末端略呈头状；龙骨明显偏于一侧，龙骨点小，在 10 μm 内 10 ～ 15 个，横线纹细，在 10 μm 内 20 ～ 35 条；带面线形到线形披针形，两侧平行或略突出，两端逐渐狭窄、楔形，末端平截形。细胞长 30 ～ 88 μm，宽 3 ～ 6 μm。

生境：生长在稻田、水坑、池塘、湖泊、水库、河流、溪流及沼泽中。辽河流域广泛分布。鉴定标本采自二道河桥断面。

近线形菱形藻 *Nitzschia sublinearis*

双菱藻科分属检索表
1. 细胞壳面横向上下波状起伏··波缘藻属 *Cymatopleura*
1. 细胞壳面不横向上下波状起伏··2

2. 壳面线形、披针形、卵圆形··双菱藻属 *Surirella*

2. 壳面狭长形，两端呈"S"形弯曲·······································长羽藻属 *Stenopterobia*

辽河流域常见属（种）

27. 波缘藻属 *Cymatopleura*

此属种数少，约有 10 种，多为单细胞浮游类型，仅分布在淡水和半咸水中。壳面椭圆形或宽线形，作横向上下起伏；壳面两侧边缘具龙骨，上有管壳缝；壳面两侧具粗的横肋纹，有时肋纹很短，使壳缘成串珠状，肋纹间有横贯壳面的细线纹，有的线纹不明显。壳面线形，两侧具明显的波状皱褶。

（76）草鞋形波缘藻 *Cymatopleura solea*

壳面宽线形，中部两侧缘缢缩，末端钝圆楔形渐狭，壳面长（30 ～）42 ～ 152（～ 300）μm，壳面宽（11 ～）13 ～ 28（～ 40）μm，龙骨点在 10 μm 内有 6 ～ 9 个，横线纹到达轴区，在 10 μm 内有 7 ～ 9 条，另外在壳面上或多或少还有一些粗大黑点，这些黑点疏密不等地分布在波状突起表面间的线纹里。带面两侧具明显的波状褶皱。

生境：淡水沿岸普生性种类，多见于湖泊、水库沿岸带及富营养化水体中。鉴定标本采自二道河桥断面。

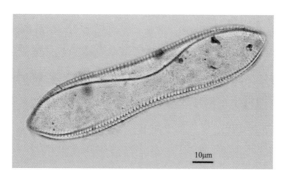

草鞋形波缘藻 *Cymatopleura solea*

（77）椭圆波缘藻 *Gymatopleura elliptica*

壳面广椭圆形，末端宽平圆形；龙骨点在 10 μm 内 7 ～ 8 个，肋纹短，在 10 μm 内 2.5 ～ 5 条，横线纹在 10 μm 内 15 ～ 20 条。细胞长 30 ～ 220 μm，宽 15 ～ 90 μm。

生境：生长在水坑、池塘、湖泊、水库、河流等，潮湿的岩壁上。鉴定标本采自下达河桥断面。

椭圆波缘藻 *Gymatopleura elliptica*

28. 双菱藻属 *Surirella*

本属已记载约 200 种，多分布在热带、亚热带的淡水和海水中。为单细胞真性浮游类型。壳面线形、椭圆形或卵形，平直或略呈螺旋状扭曲；两侧边缘具龙骨，龙骨上具管壳缝，管壳缝内具龙骨点；具长或短的横肋纹，肋纹间有纤细的横线纹。带面长方形或楔形。

（78）卵形双菱藻 *Surirella ovate*

细胞两端异形；壳面卵形，上端末端钝圆，下端末端尖圆；龙骨不发达，无翼状突起，横肋纹在 10 μm 内 3 ～ 7 条，横线纹呈放射状斜向中部，在 10 μm 内 16 ～ 20 条；带面略呈楔形。细胞长 10 ～ 78 μm，宽 7 ～ 62 μm。

生境：生长在稻田、水坑、池塘、湖泊、水库、河流等淡水水体中，辽河流域广泛分布。鉴定标本采自鸽子洞断面。

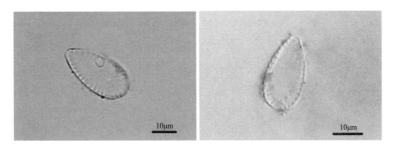

卵形双菱藻 *Surirella ovate*

（79）线形双菱藻 *Surirella linearis*

壳体带面观呈长方形，壁薄，末端圆角。壳面宽线形，两侧边缘平行或微凸。壳面长（20～）40～72（～125）μm，壳面宽 9～15（～25）μm，末端钝圆或楔形。翼狭窄，翼状突起较明显。肋纹通常较狭窄，在 10 μm 内有 2～3 条，几乎到达轴区，横线纹精细。

生境：淡水普生性种类。常出现在河流、湖泊、水库沿岸带及山区泉水中。鉴定标本采自二道河桥断面。

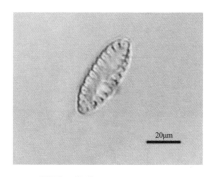

线形双菱藻 *Surirella linearis*

（80）粗壮双菱藻 *Surirella robusta*

细胞两端异形；壳面卵形到椭圆形，上端的末端钝圆，下端的末端尖圆；龙骨发达，翼状突起清楚，翼发达，横肋纹呈放射状斜向中部，在 10 μm 内 6～15 条；带面呈楔形。细胞长 150～400 μm，宽 50～150 μm。

生境：生长在稻田、水坑、池塘、湖泊、水库、河流、溪流、沼泽中。辽河流域广泛分布。鉴定标本采自马虎山断面。

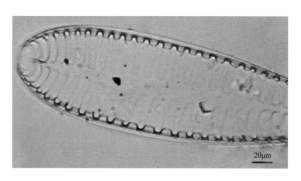

粗壮双菱藻 *Surirella robusta*

29. 长羽藻属 *Stenopterobia*

壳体带面观窄线形，两端呈"S"形弯曲，翼状物不明显，龙骨明显，管壳缝在壳缘翼沟内，壳面线形，"S"形弯曲，两侧对称，中间具窄的假壳缝，上下两端同形，末端钝圆。横线纹细密，被窄的假壳缝中断。

（81）中型长羽藻 *Stenopterobia intermedia*

壳体带面观窄线形，壳面伸延极长，"S"形弯曲，两端略渐狭。末端钝圆。壳面长 91～250 μm，壳面宽 4～10 μm，两侧翼状管极短，在 10 μm 内有 3～6 个，横线纹细微，在 10 μm 内有 20～25 条。假壳缝窄线形，位于壳面纵轴上。

生境：淡水种，多见于贫营养水体的底部。鉴定标本采自汤河水库。

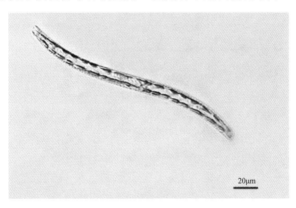

中型长羽藻 *Stenopterobia intermedia*

4.4 裸藻门 Euglenophyta

裸藻绝大多数为单细胞，细胞无细胞壁，质膜下的原生质体外层特化成表质，即周质体。表质由平而紧密的线纹组成。绝大多数种类在营养期具有明显的鞭毛，极少种类无鞭毛。多数具有色素体，色素体中具蛋白核，是被光合作用同化产物副淀粉包围形成的鞘状结构。其色素体的有无、形状、色素体中蛋白核的有无及其形态是分类的重要依据。在囊裸藻中，囊壳的形状及其纹饰为重要分类依据。裸藻门仅裸藻纲 Euglenophyceae 一个纲，Leedale（1967）认为裸藻纲有 6 个目，其中常见的有双鞭藻目 Eutreptiales、异丝藻目 Heteronematales 和裸藻目 Euglenales，也有分类学家（胡鸿钧，魏印心，2006）将前两个目归入裸藻目中，本书主要采用后者的分类系统。

裸藻目 Euglenales

裸藻目形态特征与门相同，根据其细胞的外形、表质硬化程度、鞭毛特征、光感受器及营养方式等分为 5 个科。

裸藻目分科检索表

1. 吞噬性营养···2
1. 渗透性营养（腐生）或光合自养性营养···3
　2. 具明显的杆状器···袋鞭藻科 Peranemaceae
　2. 无杆状器···瓣胞藻科 Petalomonadaceae
3. 两条鞭毛均伸出体外···双鞭藻科 Eutreptiaceae
3. 仅一条鞭毛伸出体外···4
　4. 残留在体内的鞭毛残根明显···裸藻科 Euglenaceae
　4. 残留在体内的鞭毛残根不明显···杆胞藻科 Rhabdomonadaceae

双鞭藻科分属检索表

1. 具色素体，双鞭毛几乎等长···双鞭藻属 Eutreptia
1. 无色素体，双鞭毛不等长···2
　2. 表质柔软，具裸藻状蠕动···多形藻属 Distigma
　2. 表质不柔软，无裸藻状蠕动···楔胞藻属 Sphenomonas

辽河流域常见属（种）

1. 双鞭藻属 Eutreptia

细胞变形，常为纺锤形或棍棒形。表质具螺旋形线纹。色素体圆盘形，多数，无蛋白核，或色素体由众多"条带"辐射排列呈星芒状，单个，具蛋白核。副淀粉粒小，呈球形或杆形，数量不等。鞭毛 2 条，几乎等长。具眼点。主要是咸水产和海产，淡水中也有分布。

（1）普蒂双鞭藻 Eutreptia pertyi

细胞形状多变，常呈纺锤形，椭圆形或长矩圆形，前端狭圆形或宽圆形，后端渐细呈尾形，尾端钝尖。表质具细密的线纹，线纹自左上向右下旋转。色素体呈星芒状，具众多色素体条带，自中心向外呈辐射状排列，中心为蛋白核，蛋白核由于副淀粉粒的掩盖而不能见到。副淀粉粒小，圆球形，多数，常集中在细胞中部。鞭毛 2 条，略同体长相等。眼点明显。核后位。细胞长 33 ～ 52 μm，宽 13 ～ 19 μm。

生境：生长在含盐量高的盐池或海边小水体中。鉴定标本采自辽河公园断面。

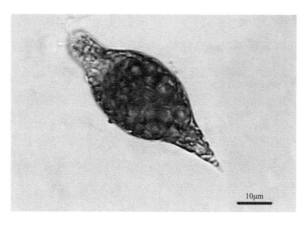

普蒂双鞭藻 *Eutreptia pertyi*

裸藻科分属检索表

1. 具色素体···2
1. 无色素体···变胞藻属 *Astasia*
  2. 细胞表质柔软或略柔软，变形或略能变形，常具裸藻状蠕动·····3
  2. 细胞表质硬化，不能变形，无裸藻状蠕动···························6
3. 细胞不具囊壳··4
3. 细胞具囊壳··5
  4. 单细胞，自由游泳·····································裸藻属 *Euglena*
  4. 常聚集成不定群体，附着生活·················柄裸藻属 *Colacium*
5. 囊壳的领与壳体界限明显，表质具点、孔、刺等纹饰·········囊裸藻属 *Trachelomonas*
5. 囊壳的领与壳体界限不明显，表面无点、孔、刺等纹饰，但常粗糙具瘤突·····
···陀螺藻属 *Strombomonas*
  6. 细胞不侧扁·······································鳞孔藻属 *Lepocinclis*
  6. 细胞明显侧扁·····································扁裸藻属 *Phacus*

辽河流域常见属（种）

2. 裸藻属 *Euglena*

绝大多数为绿色单鞭毛种类。多数种类表质柔软，形状易变，少数形状稳定，多数种类形状为纺锤形，少数圆柱形或圆形，表质具螺旋形排列的线纹或颗粒。色素体有各种形状，有时含蛋白核。裸藻淀粉粒也有各种形状，有155种，大多在淡水中生活，少数在盐水或半咸水中生活。

（2）绿色裸藻 *Euglena viridis*

细胞易变形，常为纺锤形或圆柱状纺锤形，前端圆形或斜截形，后端渐尖呈尾状。表质具自左向右的螺旋线纹，细密而明显。色素体星形，单个位于核的中部，具多个放射状排列的条带，长度不等，中央具副淀粉粒的蛋白核，蛋白核较小。副淀粉粒卵形或椭圆形，多数，大多集中在蛋白核周围。核常后位。鞭毛为体长的 1～4 倍。眼点明显，呈盘形。细胞长 31～52 μm，宽 14～26 μm。

生境：多生于各种有机质丰富的小型静止水体中，大量繁殖时形成膜状水华。鉴定标本采自七台子断面。

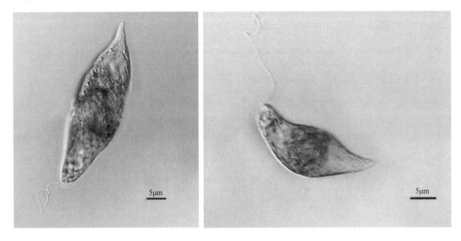

绿色裸藻 *Euglena viridis*

（3）纤细裸藻 *Euglena gracilis*

细胞易变形，常为圆柱形到纺锤形，前端圆形或略斜截，较窄，后端圆形，具短尾突，有时渐尖呈尾状。表质具自左向右的螺旋线纹，有时线纹上具小颗粒。色素体圆盘形，边缘不整齐，但不呈瓣裂状，各具一个带副淀粉鞘的蛋白核。副淀粉粒为卵形或盘形小颗粒。核中位。鞭毛为体长的 0.5～1 倍。眼点明显。细胞长 31～40 μm，宽 9～14 μm。

生境：辽河流域广泛分布，常生于各种静止水体、湖泊沿岸带及河流的缓流处。鉴定标本采自胜利塘断面。

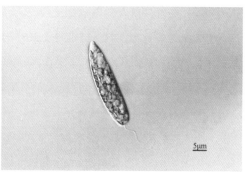

纤细裸藻 *Euglena gracilis*

（4）**血红裸藻** *Euglena sanguine*

细胞易变形，常为圆柱状到纺锤形，前端略斜截，后端渐尖呈尾状。表质具自左向右的螺旋线纹。色素体星形，多个，每一星形色素体由多个条带辐射排列而成，中央为具副淀粉鞘的蛋白核，色素体的条带在表质下与线纹近于平行并成螺旋形排列。具裸藻红素。副淀粉粒多数，为卵形或短杆形小颗粒，分散在细胞内。核中位或中后位。鞭毛为体长的 1～2 倍。眼点明显，呈盘形。细胞长 35～170 μm，宽 17～44 μm。

生境：多分布于有机质丰富的水池、鱼塘中，常形成红色的膜状水华。鉴定标本采自八间房断面。

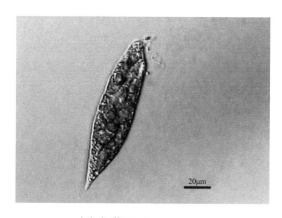

血红裸藻 *Euglena sanguine*

（5）**梭形裸藻** *Euglena acus*

细胞狭长纺锤形或圆柱形,略能变形,有时可呈扭曲状,前端狭窄呈圆形或截形,有时呈头状,

155

后端渐细成长尖尾刺。表质具自左向右的螺旋线纹,有时几成纵向。色素体小圆盘形或卵形,多数,无蛋白核。副淀粉粒较大,多数(常为十几个)长杆形,有时具卵形小颗粒。核中位。鞭毛较短,为体长的 1/8 ～ 1/2。眼点明显,淡红色,呈盘形。细胞长 60 ～ 195 μm,宽 5 ～ 28 μm。

生境:生长于各种静止水体中。鉴定标本采自汤河水库。

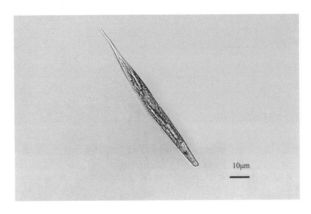

梭形裸藻 *Euglena acus*

(6) **带形裸藻** *Euglena ehrenbergii*

细胞易变形,常呈近带形,侧扁,有时呈扭曲状,前后两端圆形,有时截形。表质具自左向右的螺旋线纹。色素体小圆盘形,多数,无蛋白核。副淀粉粒常具 1 个至多个呈杆形的大颗粒和许多呈卵形或杆形的小颗粒,有时仅有小颗粒而无大颗粒。核中位。鞭毛短,易脱落,为体长的 1/16 ～ 1/2 或更长。眼点明显,呈盘形。细胞长 80 ～ 375μm,宽 9 ～ 66μm。

生境:生长于有机质丰富的各种小水体中。鉴定标本采自汤河桥断面。

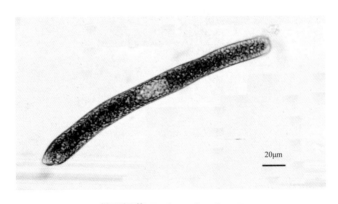

带形裸藻 *Euglena ehrenbergii*

3. 囊裸藻属 *Trachelomonas*

本属的分类系统存在诸多争议，因为它的分类多数是以囊的形状及囊的花纹为基础，囊的形状会依据水的化学成分而发生明显的改变（Pringsheim，1953）。囊的花纹实际上就是原生质体的死的分泌物。幼年的囊是无色的，以后变成黄色、褐色，偶尔也有黑色。其变成黑色主要是因为含有铁或锰，铁和锰的化合物氧化对于囊裸藻的物质代谢有何意义，是否藻体可从这些化合物堆聚中提取一些来利用？这些至今尚未知。

囊裸藻的原生质体生活在囊内，原生质体伸出一条非常长的鞭毛。色素体盘形，有一蛋白核，有些种类的蛋白核在色素体的内侧面鞍状隆起（Shih，1949）。它的繁殖是原生质体分裂为两半。其中一个或者有时两个子个体都从母细胞囊中出来，并且各自构成新的囊。本属藻类常大量出现在小的积水处。大多数为乙型中污水生物带的指示种类。

（7）芒刺囊裸藻 *Trachelomonas spinulosa*

囊壳椭圆形；表面具密集细芒刺。鞭毛孔具直领，领口略开展，具齿刻。囊壳长 20 ～ 33 μm，宽 15 ～ 26 μm；领高 3.5 μm，领宽 7 μm。

生境：水池、湖泊、水库等静水水体及小水体中。鉴定标本采自团结水库。

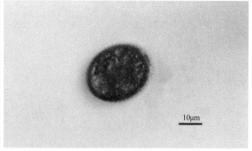

芒刺囊裸藻 *Trachelomonas spinulosa*

（8）不定囊裸藻 *Trachelomonas granulose*

囊壳宽椭圆形或近球形；表面具大颗粒，稀疏而均匀。鞭毛孔具低领，较宽，领口具细齿刻。囊壳长 24 μm，宽 19 ～ 21 μm；领高 2 μm，领宽 6 μm。

生境：水池、湖泊、水库等静水水体及小水体中。鉴定标本采自胜利塘断面。

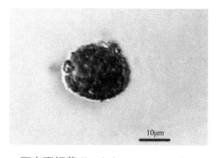

不定囊裸藻 *Trachelomonas granulose*

（9）糙纹囊裸藻 *Trachelomonas scabra*

囊壳椭圆形，有时后端略窄；表面粗糙，具不规则的颗粒。鞭毛孔具直领，较宽，领口平截，有时斜截或略扩展。浅黄色或黄褐色。囊壳长 29 ～ 33 μm，宽 15 ～ 24 μm；领高 3 ～ 4 μm，领宽 9 ～ 10 μm。

生境：沼泽、水沟、池塘、湖泊、鱼池、稻田和水库。鉴定标本采自清河更刻乡断面。

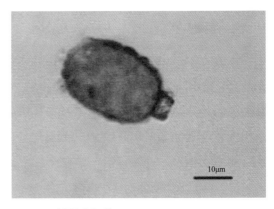

糙纹囊裸藻 *Trachelomonas scabra*

（10）矩圆囊裸藻 *Trachelomonas oblonga*

囊壳椭圆形，表面光滑；鞭毛孔有或无环状加厚圈，少数具领状突起；黄色、黄褐色或红褐色，囊壳长 12 ～ 20 μm，宽 10 ～ 15 μm。

生境：水沟、沼泽、池塘、湖泊、水库。鉴定标本采自清辽断面。

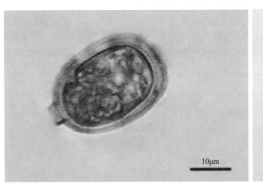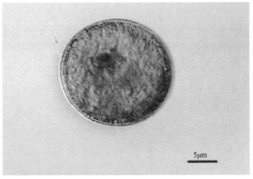

矩圆囊裸藻 *Trachelomonas oblonga*

（11）棘刺囊裸藻 *Trachelomonas hispida*

囊壳椭圆形，表面具锥形短刺或乳突，排列规则或不规则，密集或稀疏，刺或突起间常具点纹。鞭毛孔有或无环状加厚圈，少数具低领。黄褐色或红褐色。鞭毛为体长的 1.5 ～ 2 倍。囊壳长 25 ～ 42 μm，宽 15 ～ 32 μm。

生境：水沟、沼泽、池塘、湖泊、水库。鉴定标本采自黄河子断面。

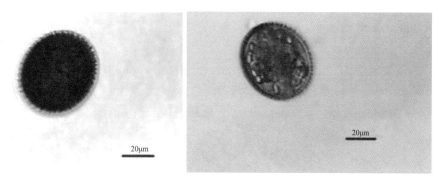

棘刺囊裸藻 *Trachelomonas hispida*

4. 扁裸藻属 *Phacus*

细胞表质硬，形状固定，扁平，正面观一般呈圆形、卵形或椭圆形，有的呈螺旋形扭转，顶端具纵沟，后端多数呈尾状；表质具纵向或螺旋形排列的线纹、点纹或颗粒。绝大多数种类的色素体呈盘状，多数，无蛋白核；副淀粉较大，有环形、假环形、圆盘形、球形、线轴形或哑铃型等各种形状，常为 1 个至数个，有时还有一些球形、卵形或杆形的小颗粒。单鞭毛，具眼点。许多种类喜生活在池塘和积水潭中。

（12）**梨形扁裸藻** *Phacus pyrum*

细胞梨形，前端宽圆，顶端的中央微凹，后端渐细，呈一尖尾刺，直向或略弯曲，顶面观呈圆形；表质具 7 ～ 9 条肋纹，自左向右螺旋形排列。副淀粉 2 个，呈中间隆起的圆盘形，位于两侧，紧靠表质。鞭毛为体长的 1/2 ～ 2/3。细胞长 30 ～ 55 μm，宽 13 ～ 21 μm；尾刺长 12 ～ 14 μm。

生境：河流、水池、水洼等水体。鉴定标本采自团结水库。

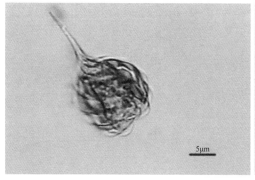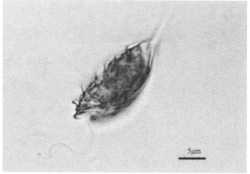

梨形扁裸藻 *Phacus pyrum*

（13）奇形扁裸藻 *Phacus anomalus*

细胞由"体"和"翼"两个部分组成："体"部大，翼部小，顶面观呈楔形，楔形的两端宽圆，"体"部后端具一短刺；表质具纵线纹。副淀粉 1 ～ 2 个，圆球形或哑铃形。细胞长 23 ～ 27 μm，宽 17 ～ 27 μm，"体"部厚 12 ～ 18 μm，"翼"部厚 7 ～ 12 μm；尾刺长约 2 μm。

生境：池塘、水坑、小河等。鉴定标本采自胜利塘和黄河子断面。

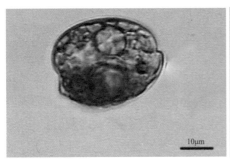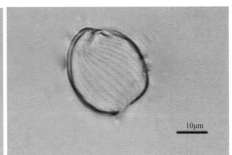

奇形扁裸藻 *Phacus anomalus*

5. 柄裸藻属 *Colacium*

淡水产。细胞前端具一胶柄，附生在其他浮游生物体上（如枝角类、轮虫、团藻和囊裸藻等），单细胞或连成不定形群体或树状群体。色素体圆盘形，多数，有或无蛋白核。具明显的食道和眼点。生殖时可形成单鞭毛的游动细胞。本属已记载 11 种（Pringsheim, 1953），其中有若干是同物异名的。

（14）囊形柄裸藻 *Colacium vesiculosum*

细胞卵形或卵圆形，有的呈纺锤形，前端窄，后端宽，胶柄较短而粗，呈二分叉，单个或多个连成不定群体。表质线纹不明显。色素体圆盘形，较大，直径 8 ～ 10 μm，无蛋白核。副淀粉粒呈椭圆形，较小，多少不定，分散在细胞内。游动细胞的鞭毛为体长的 1 ～ 2 倍。眼点小。细胞长 16 ～ 32 μm，宽 8 ～ 20 μm。

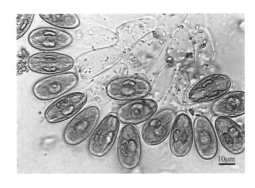

囊形柄裸藻 *Colacium vesiculosum*

生境：湖泊、池塘、水沟、河流。鉴定标本采自穆家桥断面。

6. 鳞孔藻属 *Lepocinclis*

细胞表质硬，形状固定，球形、卵形、椭圆形或纺锤形，辐射对称，横切面为圆形，后端多数呈渐尖形或具尾刺；表质具线纹或颗粒，纵向或螺旋形排列。色素体多数，呈盘状，无蛋白核；副淀粉常为 2 个大的，环形侧生。单鞭毛，具眼点。本属与裸藻属的区别是具有坚固的周质，因此它有稳定不变的外形。本属有些种是乙型中污水生物带种类。

（15）纺锤鳞孔藻 *Lepocinclis fusiformis*

细胞宽纺锤形，前端呈乳头状或锥形，有时顶端的中央凹入，后端呈乳头状；表质具明显的线纹，自左向右的螺旋形排列。副淀粉 2 个，较大，环形，侧生，有时还具卵形或椭圆形的小颗粒。鞭毛为体长的 1 ～ 1.5 倍。核中位或后位。细胞长 25 ～ 51 μm，宽 12 ～ 39 μm。

生境：各种静止水体。鉴定标本采自二道河桥断面。

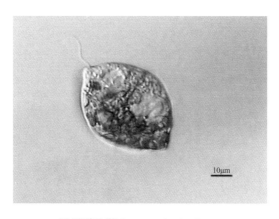

纺锤鳞孔藻 *Lepocinclis fusiformis*

（16）秋鳞孔藻 *Lepocinclis autumnalis*

细胞纺锤形，前端突出，平截，或呈"V"字形凹入，后端渐缩成一圆柱形的长尾刺；表质具自左向右螺旋形排列的线纹或颗粒。副淀粉 2 个，较大，环形，侧生，有时还具一些卵形或杆形的小颗粒。鞭毛约与体长相等。核后位或中位。细胞长 36 ～ 43 μm，宽 15 ～ 23 μm；尾刺长 7 ～ 9 μm，前端突出 3 ～ 5 μm。

生境：池塘、水库等静水水体中。鉴定标本采自邵家河桥断面。

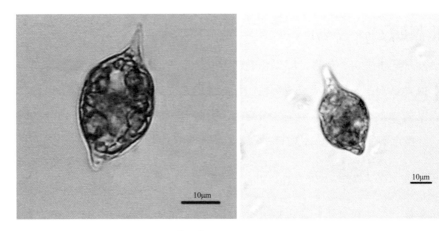

秋鳞孔藻 *Lepocinclis autumnalis*

杆胞藻科分属检索表

1. 细胞不侧扁···2
1. 细胞明显地呈两侧扁平··弦月藻属 *Menoidium*
　2. 细胞多少呈弯形或螺旋形扭转···杆胞藻属 *Rhabdomonas*
　2. 细胞不弯也不扭转··3
3. 细胞前端的中央略凹入··螺肋藻属 *Gyropaigne*
3. 细胞前端不对称,一侧呈喙状突起··扭曲藻属 *Helikotropis*

辽河流域常见属（种）

7. 弦月藻属 *Menoidium*

　　本属形态与裸藻属相似,但无色,无眼点。细胞形态易变,常呈纺锤形或圆柱形；表质具线纹。一条鞭毛。腐生性营养。某些种是甲型中污生物带指示种。

（17）弦月藻 *Menoidium pellucidium*

　　细胞呈弦月状弯曲，背凸腹凹，有时腹线的中段较平直，前端呈颈状，具 2 片刺形或圆形的唇形突起，后端渐窄，呈钝圆形或尖圆形。表质具纵线纹。副淀粉粒多数，常具 1 ～ 3 个呈杆状的大颗粒，此外还有一些杆形或椭圆形的小颗粒。鞭毛为体长的 1/3 ～ 1/2。核中位略偏后。细胞长 43 ～ 60 μm，宽 8 ～ 12 μm，厚 5 ～ 8 μm。

生境：水沟、池塘、沼泽、湿地。鉴定标本采自二道河桥断面。

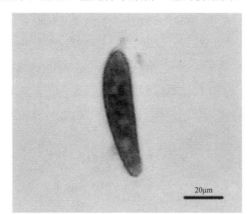

弦月藻 *Menoidium pellucidium*

4.5 甲藻门 Pyrrophyta

甲藻门绝大多数种类为单细胞，丝状的很少。细胞球形到针状，背腹扁平或左右侧扁；细胞裸露或具细胞壁，壁薄或厚而硬。纵裂甲藻类，细胞壁由左右 2 片组成，无纵沟或横沟。横裂甲藻类壳壁由许多小板片组成；板片有时具角、刺或乳头状突起，板片表面常具圆孔纹或窝孔纹。大多数种类具 1 条横沟和纵沟。具 2 条鞭毛，顶生或从横沟和纵沟相交处的鞭毛孔伸出。1 条为横鞭，带状，环绕在横沟中；1 条为纵鞭，线状，通过纵沟向后伸出。极少种类无鞭毛。色素体包被具 3 层膜，外层膜不与内质网连接，最重要的光合作用色素是叶绿素 a 和叶绿素 c，无叶绿素 b。

最普遍的繁殖方式是细胞分裂。有的种类可以产生动孢子、似亲孢子或不动孢子。少数种类有性生殖，为同配式。其过量繁殖常使水色变红，形成水华（或赤潮）。

本门仅甲藻纲 Dinophyceae 一纲，特征与门相同。通常分为 5 个亚纲。我国记载的淡水种类均属于甲藻亚纲 Dinophycidae。

甲藻亚纲分目检索表
营养时期细胞壳壁由许多大小不同的多角形的板片组成·····················多甲藻目 Peridiniales
营养时期细胞壳壁不由多块板片组成································球甲藻目 Dinococcales

多甲藻目 Peridiniales

单细胞，有时数个细胞连接成链状群体，常具色素体，鲜绿色、黄色、褐色，细胞具明显的纵沟和横沟。具2条鞭毛。细胞壁硬，由大小相等的六角形或四边形的板片或大小不等的较大的多角形的板片组成，许多类群板片数目、形态和排列方式是此目分类的主要依据。依据以上特征分为4个科。

多甲藻目分科检索表

1. 细胞壁常由大小相等的板片组成 ···2

1. 细胞壁由大小不等的板片组成，每种的上壳片数目恒定 ·······························3

  2. 上壳腹面无龙骨突起···裸甲藻科 Gymnodiniaceae

  2. 细胞壁常由多数六角形板片组成，上壳腹面常有龙骨突起·····沃氏甲藻科 Woloszynskiaceae

3. 细胞前端和后端无粗大的角，板程式为：4（～3）'3（～2～1～0）a,7（～6）",5",2（～1）" "····
···多甲藻科 Peridiniaceae

3. 细胞具1个粗大的前角和2～3（罕见1）个后角；板程式为：4'0a，5",4'''，2''''···角甲藻科 Ceratiaceae

---

裸甲藻科分属检索表

细胞背腹常扁平···裸甲藻属 Gymnodinium

细胞背腹常不扁平···薄甲藻属 Glenodinium

辽河流域常见属（种）

1. 裸甲藻属 *Gymnodinium*

淡水种类细胞卵形到近圆球形，有时具小突起，大多数近两侧对称。细胞前后两端钝圆或顶端钝圆末端狭窄；上锥部和下锥部大小相等，或者上锥部较大或者下锥部较大。多数背腹扁平。横沟明显，通常环绕细胞一周，多左旋；纵沟或深或浅，长度不等，有的仅位于下锥部，多数种类略向上锥部延伸。色素体多个，金黄色、绿色、褐色或蓝色，盘状或棒状，周生或辐射排列，少数种类无色素体。以纵分裂方式繁殖，极少种类形成厚壁孢子。

（1）裸甲藻 *Gymnodinium aeruginosum*

细胞长形，背腹显著扁平。上锥部常比下锥部略大而狭，铃形，钝圆，下锥部也为铃形，稍宽，底部末端平，常具浅的凹入，横沟环状，深陷，沟边缘略突出。纵沟宽向上伸入上锥部，向下达下锥部末端。色素体多数，褐绿色、绿色，小盘状。无眼点。细胞长 33～34（～40）μm，宽 21～22（～35）μm。休眠时期具厚的胶被。

生境：适应性较强，从贫营养型水体到富营养型水体均可生长。鉴定标本采自团结水库。

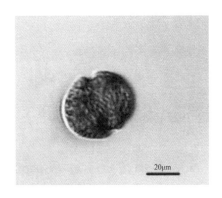

裸甲藻 *Gymnodinium aeruginosum*

沃氏甲藻科仅沃氏甲藻属 *Woloszynskia* 一个属。

2. 沃氏甲藻属 *Woloszynskia*

略呈螺旋状环绕的横沟将细胞分成上锥部和下锥部；纵沟延伸至下锥部末端；细胞壁由很薄的、多数六角形小板片组成，具 1 个细胞核。部分种类具色素体，运动的和非运动的细胞可分裂形成 2 个动孢子。自养或异养。

（2）伪沼泽沃氏甲藻 *Woloszynskia pseudopalustris*

细胞近球形或宽卵形、背腹略扁平，上锥部较下锥部大，上锥部顶端几乎为半圆形；下锥部末端显著凹入。上壳腹面横沟上沿具一指状龙骨突起，斜出伸向腹面。纵沟限制在下壳。细胞壁薄，透明。色素体多数，圆盘状、卵形，黄褐色，罕见红褐色。眼点小，位于腹区；细胞长（21～）26～42 μm，宽（18～）21～34 μm。

生境：池塘等静止水体。鉴定标本采自汤河水库。

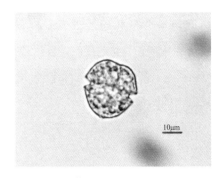

伪沼泽沃氏甲藻 *Woloszynskia pseudopalustris*

多甲藻科分属检索表

上壳具 2 ～ 3 块间插板···多甲藻属 *Peridinium*

上壳具 0 ～ 1 块间插板···拟多甲藻属 *Peridiniopsis*

辽河流域常见属（种）

3. 多甲藻属 *Peridinium*

本属已记载约 200 种。生活在淡水和海水中，有巨大的被甲，这被甲由小板片集合组成。小板片表面有各种不同种类的分区；有乳头状、孔、刺、翼状突起等。海产的种类则常有一复杂的甲藻液泡系统。淡水种类较小（20 ～ 60 μm），海产种类较大（达 300 μm）。海产种类与淡水种的不同点是在其两极处有突起。

（3）楯形多甲藻 *Peridinium umbonatum*

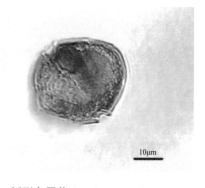

楯形多甲藻 *Peridinium umbonatum*

细胞长卵形，背腹略扁平，具顶孔。上壳铃形，钝圆，显著的大于下壳。横沟明显的左旋；纵沟伸入上壳，向下显著地或不显著地扩大，但未达到下壳末端。板程式为：4',2a,7",5 "',2""；第二块顶板与第四块沟前板相连；下壳斜向突出；底板多数大小相等；板间带宽，具横纹，板片常突出，有时凹入，厚，具窝孔纹，窝孔纹纵向并行排列。色素体圆盘状，周生，褐色。细胞长 25 ～ 35 μm，宽 21 ～ 32 μm。生殖细胞球形或长形，壁坚硬。

生境：适应性较强，从贫营养型到富营养型各种水体广泛分布。鉴定标本采自二道河桥断面。

4. 拟多甲藻属 *Peridiniopsis*

细胞椭圆形或圆球形，下锥部等于或小于上锥部，板片具刺、似齿状突起或翼状纹饰。湖泊、水库等静水水体中浮游生活。

（4）坎宁顿拟多甲藻 *Peridiniopsis cunningtonii*

细胞卵形，背腹明显扁平，具顶孔。上锥部圆锥形，显著大于下锥部。横沟左旋，纵沟伸入上锥部，向下明显加宽，未达到下壳末端。板程式为：5',0a,6",5''',2'''，上锥部具 6 块沟前板，1 块菱形板，2 块腹部顶板，2 块背部顶板；下锥部第 1、2、4、5 块沟后板各具 1 刺，2 块底板各具 1 刺，板片具网纹，板间带具横纹。色素体黄褐色。细胞宽 23 ～ 27.5 μm，长 28 ～ 32.5 μm，厚 17.5 ～ 22.5 μm。厚壁孢子卵形，壁厚。

　　生境：湖泊、水库、池塘常见种类。鉴定标本采自汤河水库出库口。

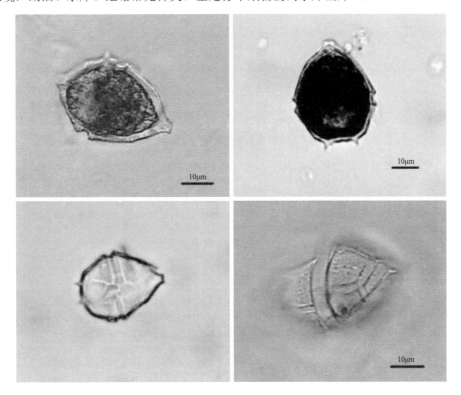

坎宁顿拟多甲藻 *Peridiniopsis cunningtonii*

　　角甲藻科只有角甲藻属 *Ceratium* 一个属。

5. 角甲藻属 *Ceratium*

　　细胞明显地不对称，有一个顶角和 2 ～ 3 个长的底角，充满细胞质。有无数壁生的色素体，是营光合营养的。环沟接近水平线并将藻体分成几乎相等的两部分，但不相似，鞭毛便通过这环沟出来。在垂直的表面中央有一个大菱形的透明区，该区或许与环沟相似。本属已记载约 60 种，绝大多数种类海产，极少数淡水产。在暖水中比在冷水中较为普遍。一般在北大西洋的冷水中不多于 10 种，而在较南边的暖水中通常都不少于 20 种（Graham & Bronikovsky，1944）。角甲藻属是浮游藻类种类之一，它有着伞形覆盖物，这种具有覆盖物的藻类仅在比较贫脊的暖海水中才能出现。在那里通常上层水中的氮和磷已被耗尽。它的伞形覆盖物有一种得天独厚的价值，其中它们可以在较深的水中利用高水平的氮和磷，可以接收足够的阳光来保持它们的高于呼吸率之上的光合作用。这些伞形覆盖物使藻类能增加细胞的表面积，吸收最大量的光。用角及这些具有叶绿体的延长部分扩展细胞体。

（5）角甲藻 *Ceratium hirundinella*

细胞背腹显著扁平。顶角狭长，平直而尖，具顶孔。底角 2～3 个，放射状，末端多数尖锐，平直，或呈各种形式的弯曲。有些类型其角或多或少地向腹侧弯曲。横沟几乎呈环状，极少呈左旋或右旋的，纵沟不伸入上壳，较宽，几乎达到下壳末端。壳面具粗大的窝孔纹，孔纹间具短的或长的棘。色素体多数，圆盘状，周生，黄色至暗褐色。细胞长 90～450 μm。

生境：喜生活于贫营养型静止水体中，如水库、湖泊等。鉴定标本采自葠窝水库。

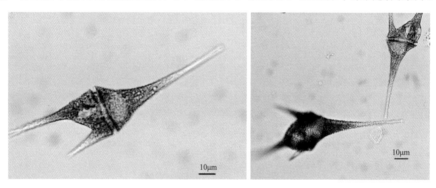

角甲藻 *Ceratium hirundinella*

4.6 隐藻门 Cryptophyta

隐藻门最初被巴喧氏（1914）安排在甲藻门中。但他曾指明：其外表的形态学以及内部的细胞构造完全是另一种类型的。它们与甲藻门的共同点，唯一的就是相似的同化产物——淀粉。相反，谈到它是独立的隐藻门的证据是它有一咽喉构造以及有完全不同的鞭毛、色素体和核的构造。根据这个理由，Graham（1951）建议把它们从甲藻门中分离出来。

依据 Pringsheim（1944）分类，仅包含隐藻纲 Cryptophyceae 一个纲，隐藻目 Cryptomonadales 一个目。有生长力的细胞有鞭毛并能游动。已知它没有有性生殖。以细胞纵分裂行无性生殖。通常为游动状态，虽然隐藻属 *Cryptomonas* 的大多数种在细胞分裂时进行休眠并嵌进黏液中。在分裂期间，顶部凹陷通常对分。

其主要特征为：绝大多数单细胞，多数种类具鞭毛，极少数无鞭毛。具鞭毛的种类长椭圆形或卵形，前端较宽，钝圆或斜向平截，显著纵扁，背侧略凸，腹侧平直或略凹入；腹侧前端偏于一侧具向后延伸的纵沟。有的种类具1条口沟自前端向后延伸；鞭毛2条，不等长，自腹侧前端伸出，或生于侧面。色素体多为黄绿色或黄褐色，部分种类无色素体。蛋白核有或无。贮藏物质为淀粉和油滴。

隐藻目 Cryptomonadales

本目特征与门相同，一般分为5个科，我国仅记载隐藻科 Cryptomonadaceae 一个科。

隐藻科分属检索表

纵沟和口沟常不明显；色素体多为1个，常为蓝绿色··················蓝隐藻属 Chroomonas

纵沟和口沟明显；色素体多为2个，黄褐色或红色··················隐藻属 Cryptomonas

辽河流域常见属（种）

1. 蓝隐藻属 Chroomonas

细胞长卵形、椭圆形、近球形、近圆柱形、圆锥形或纺锤形。前端斜截形或平直，后端钝圆或渐尖；背腹扁平；纵沟或口沟常很不明显。无刺丝泡或极小。鞭毛2条，不等长。伸缩泡位于细胞前端。具眼点或无。色素体多为1个，盘状，周生，蓝色或蓝绿色。淀粉粒大，常成行排列。蛋白核1个，位于中央或细胞下半部。细胞核1个，位于细胞下半部。

（1）具尾蓝隐藻 Chroomonas caudate

细胞卵形，侧扁，背部略隆起，腹侧平，前端宽，斜截，向后渐狭，末端呈尾状向腹侧弯曲；2条不等长的、略短于体长的鞭毛从腹侧前端伸出，两纵列刺丝胞颗粒位于纵沟两侧，纵沟不明显，未见口沟；色素体1个，片状，周生，蓝绿色，具1个明显的蛋白核，位于细胞背侧近中部；细胞核1个，位于细胞后半部，细胞宽 4～8（～10）μm，长 8.5～17.5 μm。

生境：辽河流域分布很广，常在鱼池形成优势种，为优良的养殖鱼类天然饵料。鉴定标本采自二道河桥断面。

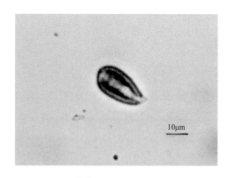

具尾蓝隐藻 *Chroomonas caudate*

2. 隐藻属 *Cryptomonas*

细胞椭圆形、豆形、卵形、圆锥形、纺锤形、"S"形。背腹扁平，背部明显隆起，腹部平直或凹入。多数种类横断面呈椭圆形，少数种类圆形，细胞前端钝圆或斜截形，后端为或宽或狭的钝圆形。腹侧具明显的口沟。鞭毛 2 条，通常短于细胞长度。具刺丝泡或无。细胞前端具 1 个液泡。色素体 2 个，位于背侧或腹侧或细胞两侧面。多数具 1 个蛋白核，部分种类具 2～4 个。繁殖方式为纵分裂。

（2）啮蚀隐藻 *Cryptomonas erosa*

细胞倒卵形到近椭圆形，前端背角突出略呈圆锥形，顶部钝圆。纵沟有时很不明显，但常较深。后端大多数渐狭，末端狭钝圆形。背部大多数明显凸起，腹部通常平直，极少略凹入的。细胞有时弯曲，罕见扁平。口沟只达到细胞中部，很少达到后部；口沟两侧具刺丝胞。鞭毛与细胞等长。色素体 2 个，绿色，褐绿色，金褐色，淡红色，罕见紫色；储藏物质为淀粉粒，常为多数，盘形，双凹入。卵形或多角形。细胞宽 8～16 μm，长 15～32 μm。

生境：此种分布极广，湖泊、水库、鱼池中极为常见。鉴定标本采自八间房断面。

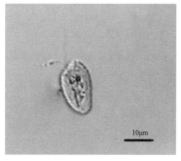
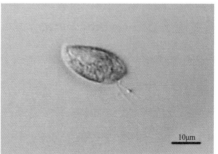

啮蚀隐藻 *Cryptomonas erosa*

（3）卵形隐藻 *Cryptomonas ovata*

细胞椭圆形或长卵形，通常略弯曲。前端明显的斜截形，顶端呈角状或宽圆，大多数为斜的凸状；后端为宽圆形。细胞多数略扁平；纵沟、口沟明显。口沟达到细胞的中部，有时近于细胞腹侧，直或甚明显地弯向腹侧。细胞前端近口沟处常具两个卵形的反光体，通常位于口沟背侧，或者 1 个在背侧另 1 个在腹侧。具 2 个色素体，有时边缘具缺刻，橄榄绿色，有时为黄褐色，罕见黄绿色。鞭毛 2 条，几乎等长，多数略短于细胞长度。细胞大小变化很大，通常长 20 ～ 80 μm，宽 6 ～ 20 μm，厚 5 ～ 18 μm。

生境：池塘、湖泊、水库。鉴定标本采自穆家桥断面。

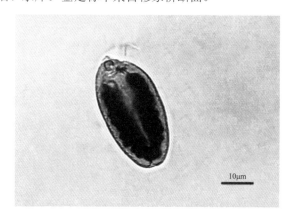

卵形隐藻 *Cryptomonas ovata*

4.7 金藻门 Chrysophyta

金藻门中自由运动的种类为单细胞或群体，群体的种类由细胞放射状排列呈球形或卵形，部分种类具有透明胶被，不能运动的种类有变形虫状、胶群体状、球粒状、叶状体形、分枝或不分枝丝状体形、椭圆形、卵形或梨形。能运动的种类具 1 条、2 条等长或不等长的鞭毛，2 条鞭毛的种类中，短的 1 条为尾鞭形，仅由轴丝形成，没有绒毛，长的一条为茸鞭型，细胞裸露或在表质覆盖许多硅质鳞片。金藻门有金藻纲 Chrysophyceae 和黄群藻纲 Synurophyceae 2 个纲。

金藻门分纲检索表

单细胞、胶群体、丝状体或群体，运动或不能运动，仅近囊胞藻科的种类细胞具硅质鳞片·····································金藻纲 Chrysophyceae

单细胞或群体，运动细胞具硅质鳞片·······················黄群藻纲 Synurophyceae

　　辽河流域仅发现金藻纲 Chrysophyceae 一个纲，其分目检索表如下。

金藻纲分目检索表

1. 植物体为单细胞或群体···2
1. 植物体为分枝的胶群体、不分枝或分枝的丝状体、盘状的假薄壁组织状·········5
　2. 植物体为变形虫状的单细胞或群体···········金变形藻目 Chrysamoebidales
　2. 植物体不为变形虫状的单细胞或群体···3
3. 植物体为不定形状群体，营养细胞不具鞭毛，不运动·······金囊藻目 Chrysocapsales
3. 植物体为单细胞或群体，营养细胞具鞭毛，运动或不运动·······················4
　4. 细胞裸露、具鳞片或囊壳，囊壳的基部不具两个尖头状突起·······色金藻目 Chromulinales
　4. 细胞具囊壳，囊壳的基部具两个尖头状的突起·······蛰居金藻目 Hibberdiales
5. 植物体为分枝的胶群体···水树藻目 Hydrurales
5. 植物体为不分枝或分枝的丝状体、盘状的假薄壁组织状·········褐枝藻目 Phaeothamniales

色金藻目 Chromulinales

　　植物体为单细胞或疏松的暂时性群体，自由运动或着生，细胞裸露可变形或原生质外具囊壳或具许多硅质鳞片，囊壳壁和鳞片平滑或具花纹，具 1 条或 2 条不等长的鞭毛，从细胞顶部伸出，具 1 至数个伸缩泡，色素体 1～2 个，周生，片状，具 1 个眼点，具 1 个明显可见的细胞核。

色金藻目分科检索表

1. 细胞裸露，原生质外无囊壳或鳞片···2
1. 细胞具囊壳或鳞片···3
　2. 细胞前端具 1 条鞭毛·······················色金藻科 Chromulinaceae
　2. 细胞前端具 2 条鞭毛·······················棕鞭藻科 Ochromonadaceae
3. 细胞具囊壳···锥囊藻科 Dinobryonaceae
3. 细胞具鳞片···近囊胞藻科 Paraphysomonadaceae

锥囊藻科分属检索表

1. 植物体为树状群体···锥囊藻属 *Dinobryon*
1. 植物体为单细胞···2
　　2. 囊壳卵形、纺锤形、圆锥形或钟形···3
　　2. 囊壳球形···金粒藻属 *Chrysococcus*
3. 囊壳卵形或纺锤形，细胞前端具 1 条鞭毛，浮游生活·····················金杯藻属 *Kephyrion*
3. 细胞纺锤形、圆锥形或钟形，前端具 2 条鞭毛，着生生活··············附钟藻属 *Epipyxis*

辽河流域常见属（种）

锥囊藻属 *Dinobryon*

本属全世界已记载约 17 种，浮游性或固着生或附着于其他植物体上；构成树丛群体，每个原生质体着生在桶形、钟形、锥形或柱形的纤维素囊内。囊的形状是种的重要鉴别特征。囊的后端封闭、尖形，前端开口，表面平滑或具花纹。原生质体为纺锤形、圆锥形或卵形，前端具 2 条不等长的鞭毛，长的 1 条伸出囊壳开口外，基部以细胞质短柄附着于囊壳的底部。眼点 1 个。1 至多个收缩胞。色素体 1 ～ 2 个，片状，周生。同化产物为白糖素，常为 1 个大的球状体，位于细胞后端。繁殖方式为细胞纵分裂，分裂的子原生质体停在母囊壳处，由于这样再三地进行纵分裂，原生质停在母囊处，因此形成复杂的树丛状的群体。

圆筒形锥囊藻 *Dinobryon cylindricum*

群体细胞密集排列呈疏松丛状；囊壳长瓶形，前端开口处扩大呈喇叭状，中间近平行呈圆筒形，后部渐尖呈倒锥形，不规则或不对称，多少向一侧弯曲成一定角度。囊壳长 30 ～ 77 μm，宽 8.5 ～ 12.5 μm。

生境：主要生长在淡水或微含盐的水体中，在湖泊、水库和池塘中浮游或着生。鉴定标本采自汤河水库。

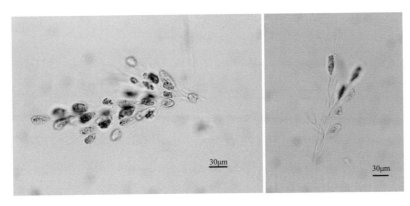

圆筒形锥囊藻 *Dinobryon cylindricum*

4.8 黄藻门 Xanthophyta

　　黄藻门的种类色素体为黄绿色，光合作用色素主要为叶绿素 a、叶绿素 c_1、叶绿素 c_2 及多种胡萝卜素，贮藏物质为金藻昆布糖。许多种类营养细胞壁由大小相等或不相等的两节片套合组成，运动的营养细胞或生殖细胞具 2 条不等长的鞭毛，长的一条向前，具 2 排侧生的绒毛，短的一条向后，平滑。藻体为单细胞、群体、多核管状或多细胞的丝状体。单细胞和群体中的个体细胞壁多数由相等或不相等的 U 形两节片套合组成，管状或丝状体的细胞壁由 H 形两节片套合组成，少数种类无节片构造，或无细胞壁，具腹沟。本门包括黄藻纲 Xanthophyceae 和针胞藻纲 Raphidophyceae。

黄藻门分纲检索表

植物体为单细胞，丝状，多核管状；常具细胞壁·····················黄藻纲 Xanthophyceae

植物体仅为单细胞，裸露无壁······························针胞藻纲 Raphidophyceae

---

　　辽河流域仅记载黄藻纲 1 纲，该纲直到 1899 年才作为一个独立的纲第一次被承认（luther，1899），称为不等鞭毛类 Heterokontae。在此之前，黄藻被列在绿藻纲 Chlorophyceae 内。其分目检索表如下。

黄藻纲分目检索表

1. 植物体为丝状体··黄丝藻目 Tribonematales

1. 植物体不为丝状体··2

2.植物体为单细胞或定形或不定形群体·····················柄球藻目 Mischococcales

2. 植物体为多核管状··3

3.有性生殖为同配式或异配式·····························气球藻目 Botrydiales

3.有性生殖为卵式···无隔藻目 Vaucheriales

4.8.1 黄丝藻目 Tribonematales

植物体为分枝或不分枝的丝状群体。细胞圆柱形或腰鼓形。细胞壁由 H 形 2 节片套合组成。色素体 2 个至多个，周生，盘状、片状或带状；同化产物为油滴。无性生殖产生动孢子、静孢子或厚壁孢子，有性生殖为同配生殖。

该目仅黄丝藻科 Tribonemataceae 一个科，特征同目。我国仅记载黄丝藻属 *Tribonema* 一个属。

辽河流域常见属（种）

1. 黄丝藻属 *Tribonema*

本属特征同目，藻体常见于温度较低的早春或秋季，甚至在温暖的冬季都有出现。多数种类偏爱钙质，而在沼泽中则没有。有的种类在潮湿的岩石上或土壤中生活。

（1）厚壁黄丝藻 *Tribonema pachydermum*

细胞壁厚达 2 µm，横隔壁两侧明显的凹入，并在凹入部的内侧略增厚；色素体叶状，形态不规则，常为 1 个，罕见 2 ～ 3 个，多仅占据细胞中央部分的一侧，细胞宽 7 ～ 9 µm，长13 ～ 66 µm。

生境：湖泊、水库边常见。鉴定标本采自清河陶然断面。

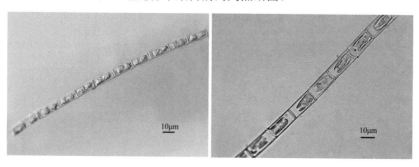

厚壁黄丝藻 *Tribonema pachydermum*

175

（2）囊状黄丝藻 *Tribonema utriculosum*

植物体为较粗的丝状体，脆而易断，常聚集呈暗绿色柔毛丛状或絮状。细胞圆柱形，有时为不规则的桶形或略呈梨形，壁厚，分层，长 20~54μm，宽 12~25μm，长为宽的 2 ~ 4 倍。色素体多数，周生，盘状。

生境：常见于较冷的净水水体中。鉴定标本采自闹德海水库。

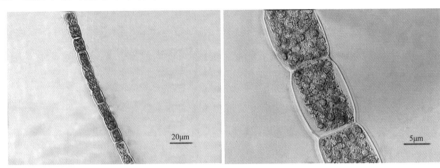

囊状黄丝藻 *Tribonema utriculosum*

4.8.2 柄球藻目 Mischococcales

植物体为单细胞或定形或不定形的群体。营养细胞不能直接转变成运动状态，极少有生长性细胞分裂，细胞壁由相等或不相等的 2 个 U 形节片套合组成，部分种类无节片结构。色素体 1 个至多个，黄绿色，有或无蛋白核。有性生殖产生动孢子或似亲孢子。

柄球藻目分科检索表
1. 植物体为单细胞·········2
1. 植物体为群体·········6
2. 细胞壁由整块构成·········3
2. 细胞壁由 2 块构成·········黄管藻科 Ophiocytiaceae
3. 植物体着生，具胶质柄或盘状固着器·········5
3. 植物体浮游，不具胶质柄或盘状固着器·········4
4. 植物体为单细胞·········肋胞藻科 Pleurochloridaceae
4. 植物体为群体，具胶被，常 2 个或 4 个细胞为一组·········葡萄藻科 Botryococcaceae
5. 细胞球形·········拟气球藻科 Botrydiopsidaceae

5. 细胞椭圆形、纺锤形、卵形·····························拟小椿藻科 Characiopsidaceae

6. 植物体为不定形胶群体·····························胶葡萄藻科 Gloeobotrydaceae

6. 植物体为树状群体·····························柄球藻科 Mischococcaceae

黄管藻科仅发现黄管藻属 *Ophiocytium* 一个属。辽河流域发现头状黄杆藻 *Ophiocytium capitatum* 一个种。

2. 黄管藻属 *Ophiocytium*

植物体为单细胞，或幼时植物体簇生于母细胞壁的顶端开口处形成树状群体，浮游或着生。细胞长圆柱形，长度可达 3mm。着生种类细胞较直，基部具一短柄着生在他物上，浮游种类细胞弯曲或不规则地螺旋卷曲，两端圆形或有时略膨大，一端或两端具刺，或两端都不具刺。繁殖是由动孢子来进行的，动孢子在许多属种类中都同样围在母细胞壁的边缘，并变成树状群体。

（3）头状黄杆藻 *Ophiocytium capitatum*

植物体为单细胞或形成不规则放射状群体，浮游生活。细胞长圆柱形，两端圆形或渐尖，有时略膨大，分别具 1 根长刺，细胞长 45 ～ 150 μm，宽 5 ～ 10 μm。色素体短带状，多数。

生境：淡水中广泛分布，尤其喜生活在弱酸性水体中。鉴定标本采自二道河桥断面。

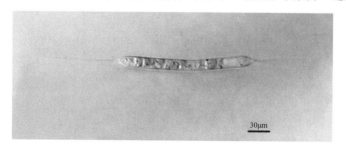

头状黄杆藻 *Ophiocytium capitatum*

拟小椿藻科分属检索表

多数种类细胞壁上无小节片·····························拟小椿藻属 *Characiopsis*

多数种类细胞壁上具小节片·····························绿匣藻属 *Chlorothecium*

辽河流域常见属（种）

3. 绿匣藻属 *Chlorothecium*

植物体为单细胞或群体，以粗而短的胶柄着生于他物上。细胞球形至倒卵形、圆柱形、椭圆形；细胞壁由两节片组成，多数种类细胞壁上具小节片，如同盖状；少数种类两个节片大小相等，个别种类上部的节片大于下部的节片。色素体 1～4 个，周生，盘状；无蛋白核。无性生殖在 1 个母细胞内形成 16～64 个或更多静孢子。

（4）绿匣藻 *Chlorothecium pirottae*

单细胞棒状，椭圆形，长卵形，下端狭窄延伸成粗而短的柄，柄的基部为圆盘状固着器，上端宽，顶端略呈半球形。色素体 2～4 个，有的可达 15～20 个，周生，片状。长 15~30 μm，宽 6～10 μm。

生境：常着生于无机的基质上，亦可浮游生活。鉴定标本采自清河肇兴断面。

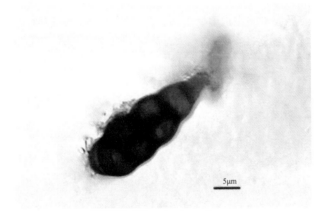

绿匣藻 *Chlorothecium pirottae*

参考文献

[1] 国家环境保护局 . 环境监测技术规范——生物监测（水环境）部分 [M]. 北京：中国环境科学出版社，1986.

[2] 国家环境保护总局 . 水和废水监测分析方法（第四版 增补版）[M]. 北京：中国环境科学出版社，2002.

[3] 河流水生态环境质量监测技术指南 [M]. 中国环境监测总站，2014.

[4] 河流水生态环境质量评价技术指南 [M]. 中国环境监测总站，2014.

[5] 何志辉，严生良，谢祚浑，等 . 淡水生物学 [M]. 北京：农业出版社，1982.

[6] 胡鸿钧，李尧英，等 . 中国淡水藻类 [M]. 上海：上海科学技术出版社，1980.

[7] 胡鸿钧，魏印心 . 中国淡水藻类——系统、分类及生态 [M]. 北京：科学出版社，2006.

[8] 李家英，齐雨藻 . 中国淡水藻志（第十四卷）硅藻门舟形藻科 [M]. 北京：科学出版社，2010.

[9] 林碧琴，谢淑琦 . 水生藻类与水体污染监测 [M]. 沈阳：辽宁大学出版社，1988.

[10] 林碧琴，姜彬慧 . 藻类与环境保护 [M]. 沈阳：辽宁民族出版社，1999.

[11] 林碧琴，李法云 . 辽宁淡水硅藻 [M]. 沈阳：辽宁科学技术出版社，2013.

[12] 刘宇，沈建忠 . 藻类生物学评价在水质监测中的应用 [J]. 水利渔业，2008，28(4)：5-7.

[13] 翁建中，徐恒省 . 中国常见淡水浮游藻类图谱 [M]. 上海：上海科学技术出版社，2010.

[14] 齐雨藻，李家英 . 中国淡水藻志（第十卷）硅藻门羽纹纲 [M]. 北京：科学出版社，2004.

[15] R．E．李 . 藻类学 [M]. 段德麟，胡自民，胡征宇，等译 . 北京：科学出版社，2012.

[16] 史会云，史玉强，王俊才，等 . 大伙房水库水生动植物图鉴 [M]. 沈阳：辽宁科学技术出版社，2012.

[17] 施择，张榆霞，李爱军，等 . 滇池常见浮游藻类图册 [M]. 北京：中国环境出版社，2014.

[18] 王德铭，王明霞，罗森源，等 . 水生生物监测手册 [M]. 南京：东南大学出版社，1993.

[19] 吴述园 . 基于着生藻类生物完整性指数的古夫河河流生态系统健康评价 [D]. 中国地质大学，2006.

[20] 徐成斌 . 辽河流域河流水质生物评价研究 [D]. 辽宁大学，2006.

辽河流域藻类分类索引

致 谢

本书在藻类鉴定方面得到辽宁大学林碧琴教授，抚顺市环境监测中心站史玉强教授级高工，铁岭市环境保护监测站王明艳教授级高工，黑龙江省环境监测中心站宋楠工程师等的指导。另外，沈阳农业大学本科生张旭武、黄炜，辽宁大学硕士研究生董思维亦参加了部分相关工作。在此一并致以诚挚的谢意！